になる

宇宙《ちゅう》のおしごと図《ず》鑑《かん》

林《はやし》公《きみ》代《よ》

KADOKAWA

いっぱい！

はじめに

「宇宙《うちゅう》ってなんとなくおもしろそう」

「宇宙《うちゅう》のしごと、できたらいいな」

あなたはそう思《おも》ってこの本《ほん》を手《て》にとってくれたかもしれません。

本当《ほんとう》にありがとう！

でも、こうも思《おも》っていませんか？
「宇宙《うちゅう》のしごとってむずかしそう。私《わたし》にできるのかな」って。

だいじょうぶです！
あなたの住《す》んでいるところにレストランや洋服屋《ようふくや》さん、お医者《いしゃ》さん、
野菜《やさい》を育《そだ》てる農家《のうか》さんはいますか？
これから宇宙空間《うちゅうくうかん》や月面《げつめん》にたくさんの人《ひと》がくらすようになったら、

宇宙《うちゅう》のおしごと

あなたのまわりにある、いろいろなしごとが必要《ひつよう》になります。

この本《ほん》で紹介《しょうかい》したのは、そんなしごとの一部《いちぶ》です。

あなたが大《おお》きくなるころ、いまはまだない宇宙《うちゅう》のしごとが、どんどん生《う》まれているはずです。

自分《じぶん》ならどんなしごとがしたいか、この本《ほん》には書《か》かれていないけれど、「こんなしごともできるんじゃないかな」と想像《そうぞう》をふくらませながら、ぜひ楽《たの》しんでくださいね。

宇宙《うちゅう》はあなたたちを待《ま》っています。

林《はやし》公代《きみよ》

宇《う》宙《ちゅう》のおしごと診《しん》断《だん》チャート

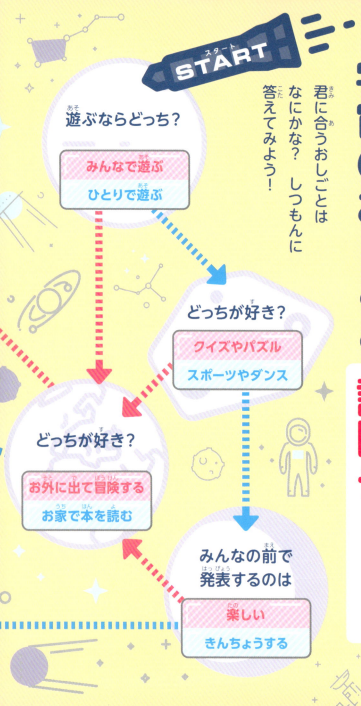

君《きみ》に合《あ》うおしごとはなにかな？ しつもんに答《こた》えてみよう！

START《スタート》

遊《あそ》ぶならどっち？

- みんなで遊《あそ》ぶ
- ひとりで遊《あそ》ぶ

どっちが好《す》き？

- クイズやパズル
- スポーツやダンス

どっちが好《す》き？

- お外《そと》に出《で》て冒《ぼう》険《けん》する
- お家《うち》で本《ほん》を読《よ》む

みんなの前《まえ》で発《はっ》表《ぴょう》するのは

- 楽《たの》しい
- きんちょうする

どっちが好《す》き？

工作《こうさく》や絵《え》を描《か》くこと

作文《さくぶん》や歌《うた》を歌《うた》うこと

遠足《えんそく》や旅行《りょこう》に行《い》くときは

はじめてのことをしたい

計画《けいかく》どおりがいい

苦《くる》しいときに大切《たいせつ》なのは

ポジティブになること

じっくり考《かんが》えること

運動会《うんどうかい》やグループ活動《かつどう》では

みんなで力《ちから》を合《あ》わせる

リーダーとしてみんなを引《ひ》っぱる

道具《どうぐ》がこわれたらどうする？

自分《じぶん》で直《なお》す

友《とも》だちに借《か》りる

悩《なや》んでいる友《とも》だちがいたら

助《たす》けてあげたい

笑《わら》わせてあげたい

A《エー》タイプ

B《ビー》タイプ

C《シー》タイプ

D《ディー》タイプ

E《イー》タイプ

診断結果《しんだんけっか》へGO《ゴー》!

診《しん》断《だん》結《けつ》果《か》

君《きみ》のタイプはどれだった？

自分《じぶん》の得意《とくい》を知《し》れば未来《みらい》が楽《たの》しみになるね！
こたえはひとつの例《れい》なので、こだわりすぎず、しごとを考《かんが》えるきっかけにしてね。

A《エー》 宇宙飛行士《うちゅうひこうし》タイプ

どんな状況《じょうきょう》でも楽《たの》しむ心《こころ》と、仲間《なかま》となにかをやりとげるチームワークの精神《せいしん》をもつ君《きみ》！

ぴったりなのは…

宇宙飛行士《うちゅうひこうし》、フライトディレクタ

B《ビー》 宇宙社長《うちゅうしゃちょう》タイプ

新《あたら》しいアイデアで世界《せかい》を変《か》える力《ちから》と唯一無二《ゆいいつむに》のリーダーシップをもっている君《きみ》！

ぴったりなのは…

宇宙社長《うちゅうしゃちょう》

この人《ひと》に聞《き》きました！

SPACETIDE《スペースタイド》 佐藤将史《さとうまさし》さん

「宇宙《うちゅう》×○○」←この○○に自分《じぶん》の好《す》きなことを入《い》れると新《あたら》しいおしごとが見《み》つかるかも！

どんな宇宙《うちゅう》のおしごとがあるか見《み》てみよう！

C《シー》 研究者《けんきゅうしゃ》・エンジニア タイプ

真実《しんじつ》を追《お》い求《もと》める探究心《たんきゅうしん》とむずかしい問題《もんだい》を乗《の》りこえる力《ちから》をもっている君《きみ》！

ぴったりなのは…

天文学者《てんもんがくしゃ》、ロケットエンジニア、火星生物学者《かせいせいぶつがくしゃ》など

D《ディー》 スペースロイヤー（宇宙弁護士《うちゅうべんごし》）タイプ

こまっている人《ひと》やがんばっている人《ひと》の力《ちから》になりたいやさしい心《こころ》と正義感《せいぎかん》をもった君《きみ》！

ぴったりなのは…

スペースロイヤー、フライトサージャン、スペースデブリハンター、宇宙天気予報士《うちゅうてんきよほうし》など

E《イー》 宇宙食《うちゅうしょく》シェフ タイプ

みんなを笑顔《えがお》にする力《ちから》やばつぐんの表現《ひょうげん》センスをもった君《きみ》！

ぴったりなのは…

宇宙食《うちゅうしょく》シェフ、プラネタリアン、宇宙建築家《うちゅうけんちくか》、宇宙《うちゅう》アイドルなど

この人《ひと》に聞《き》きました！

宇宙《うちゅう》キャスター 榎本麗美《えのもとれみ》さん

宇宙飛行士《うちゅうひこうし》を目指《めざ》すなら、ワクワクする気持《きも》ちを大切《たいせつ》にして、いろんな挑戦《ちょうせん》をしよう！

もくじ

はじめに……2
宇宙《うちゅう》のおしごと診断《しんだん》チャート……4
この本《ほん》に出《で》てくる宇宙用語《うちゅうようご》……11

1章《しょう》 宇宙《う》宙《ちゅう》開《かい》発《はつ》のおしごと

宇宙飛行士《うちゅうひこうし》……14
宇宙飛行士《うちゅうひこうし》ってどうやってなるの？……16
宇宙飛行士《うちゅうひこうし》のしごと場《ば》ってどんなところ？……18
「アルテミス計画《けいかく》」ってなに？……20
どんなおしごと？ 山崎直子《やまざきなおこ》さん……22
フライトディレクタ……26
フライトサージャン……28
訓練《くんれん》インストラクタ……29
宇宙服《うちゅうふく》デザイナー……30
宇宙《うちゅう》はいろんな使《つか》い方《かた》ができる！……32
ロケットエンジニア……34
ロケット大図鑑《だいずかん》……36
どんなおしごと？ 中山聡《なかやまさとし》さん……38
人工衛星《じんこうえいせい》エンジニア……40
人工衛星《じんこうえいせい》を使《つか》うおしごと……42
人工衛星大図鑑《じんこうえいせいだいずかん》……44
どんなおしごと？ 髙橋亮平《たかはしりょうへい》さん……46
どんなおしごと？ 坪井俊輔《つぼいしゅんすけ》さん……47
宇宙探査《うちゅうたんさ》チーム……48
宇宙探査機大図鑑《うちゅうたんさきだいずかん》……50
どんなおしごと？ 津田雄一《つだゆういち》さん……52
JAXA《ジャクサ》ってどんなところ？……54

2章《しょう》 天《てん》文《もん》学《がく》のおしごと

観測天文学者《かんそくてんもんがくしゃ》……58
理論天文学者《りろんてんもんがくしゃ》……60
望遠鏡《ぼうえんきょう》エンジニア……62
ブラックホールってなに？……64
どんなおしごと？ 本間希樹《ほんままれき》さん……66

どんなおしごと？ 小久保英一郎《こくぼえいいちろう》さん …… 68
プラネタリアン …… 70
どんなおしごと？ 永田美絵《ながたみえ》さん …… 72
もっと！ 天文学《てんもんがく》のおしごと …… 73

3章《しょう》 宇宙《うちゅう》ビジネスのおしごと

宇宙社長《うちゅうしゃちょう》 …… 76
宇宙旅行《うちゅうりょこう》プランナー …… 78
スペースポート支配人《しはいにん》 …… 80
宇宙食《うちゅうしょく》シェフ …… 82
どんなおしごと？ 増田結桜《ますだゆら》さん …… 84
宇宙《うちゅう》コスメクリエイター …… 86
宇宙《うちゅう》アメニティクリエイター …… 87
これが未来《みらい》の宇宙《うちゅう》ホテル！ …… 88
宇宙《うちゅう》ロボットエンジニア …… 90
宇宙天気予報士《うちゅうてんきよほうし》 …… 92
スペースデブリハンター …… 94
どんなおしごと？ 伊藤美樹《いとうみき》さん …… 96
惑星防衛隊《わくせいぼうえいたい》 …… 98
スペースロイヤー …… 100
どんなおしごと？ 新谷美保子《しんたにみほこ》さん …… 102
宇宙保険会社《うちゅうほけんがいしゃ》 …… 104
宇宙商社《うちゅうしょうしゃ》 …… 105
宇宙《うちゅう》デリバリー …… 106
宇宙葬《うちゅうそう》プランナー …… 107
ユニークな宇宙《うちゅう》ビジネス …… 108
どんなおしごと？ 宇推《うすい》くりあさん …… 109
どんなおしごと？ KAGAYA《かがや》さん …… 110

4章《しょう》 月《つき》・火星《かせい》のおしごと

月面《げつめん》ファーマー …… 114
月面料理人《げつめんりょうりにん》 …… 116
月面天文学者《げつめんてんもんがくしゃ》 …… 117
月《つき》の水《みず》プラント屋《や》さん …… 118

宇宙《うちゅう》トレジャーハンター……120
宇宙《うちゅう》エレベーター建設者《けんせつしゃ》……121
宇宙建築家《うちゅうけんちくか》……122
月面発電所《げつめんはつでんしょ》……124
月面通信《げつめんつうしん》……125
月面車《げつめんしゃ》ドライバー……126
火星生物学者《かせいせいぶつがくしゃ》……128
宇宙生命《うちゅうせいめい》がいる星《ほし》はどこ?……130
どんなおしごと? 関根康人《せきねやすひと》さん……132
火星《かせい》テラフォーマー……134
これが未来《みらい》の月《つき》・火星《かせい》!……136
おわりに……138
協力《きょうりょく》・参考文献《さんこうぶんけん》……142

この本《ほん》の使《つか》い方《かた》

この本《ほん》は、実際《じっさい》に宇宙《うちゅう》のおしごとをしているたくさんの人《ひと》にインタビューをしてつくっているよ。おしごと図鑑《ずかん》ページの「この人《ひと》に聞《き》きました!」コーナーや、インタビューページでは、宇宙《うちゅう》のおしごとにとりくむ人《ひと》の生《なま》の声《こえ》をお届《とど》けするよ!

おしごと図鑑《ずかん》ページ

宇宙で働く人類代表!
宇宙飛行士

「この人《ひと》に聞《き》きました!」コーナー

インタビューページ

宇宙を体中の細胞が喜んでいる気がしました
どんなおしごと?
宇宙飛行士
山崎直子

※この本《ほん》に掲載《けいさい》した情報《じょうほう》は、2024年《ねん》12月時点《がつじてん》のものです。

この本《ほん》に出《で》てくる宇宙《うちゅう》用語《ようご》

太陽《たいよう》

自分《じぶん》で光《ひか》る恒星《こうせい》のひとつ。

ブラックホール

強大《きょうだい》な重力《じゅうりょく》で光《ひかり》さえものみこんでしまう天体《てんたい》。

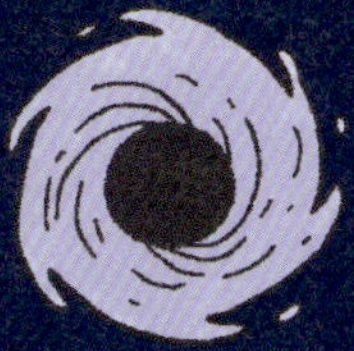

月《つき》

地球《ちきゅう》のまわりをまわるただひとつの衛星《えいせい》。

火星《かせい》

地球《ちきゅう》のおとなりさんの惑星《わくせい》。

人工衛星《じんこうえいせい》

人間《にんげん》がつくった機械《きかい》の衛星《えいせい》。

宇宙《うちゅう》ステーション

宇宙《うちゅう》にうかぶ実験室《じっけんしつ》。宇宙飛行士《うちゅうひこうし》のしごと場《ば》だよ。

ロケット

人《ひと》や人工衛星《じんこうえいせい》を宇宙《うちゅう》に運《はこ》ぶ乗《の》り物《もの》。

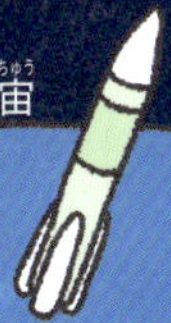

NASA《ナサ》

宇宙《うちゅう》の平和《へいわ》な開発《かいはつ》・探査《たんさ》を進《すす》めるアメリカの組織《そしき》。

JAXA《ジャクサ》

日本《にっぽん》の航空《こうくう》・宇宙開発《うちゅうかいはつ》をささえている研究開発《けんきゅうかいはつ》機関《きかん》。

地球《ちきゅう》

君《きみ》たちがくらす星《ほし》。太陽《たいよう》のまわりをまわる惑星《わくせい》のひとつだよ。

写真：KAGAYA

1

章《しょう》

宇《う》宙《ちゅう》開《かい》発《はつ》のおしごと

地球《ちきゅう》を飛《と》び出《だ》せ！　宇宙飛行士《うちゅうひこうし》や宇宙探査機《うちゅうたんさき》は、
宇宙空間《うちゅうくうかん》やほかの天体《てんたい》に行《い》ってそうだいな冒険《ぼうけん》をするよ！
そのためにはたくさんのくふうや挑戦《ちょうせん》が必要《ひつよう》なんだ。

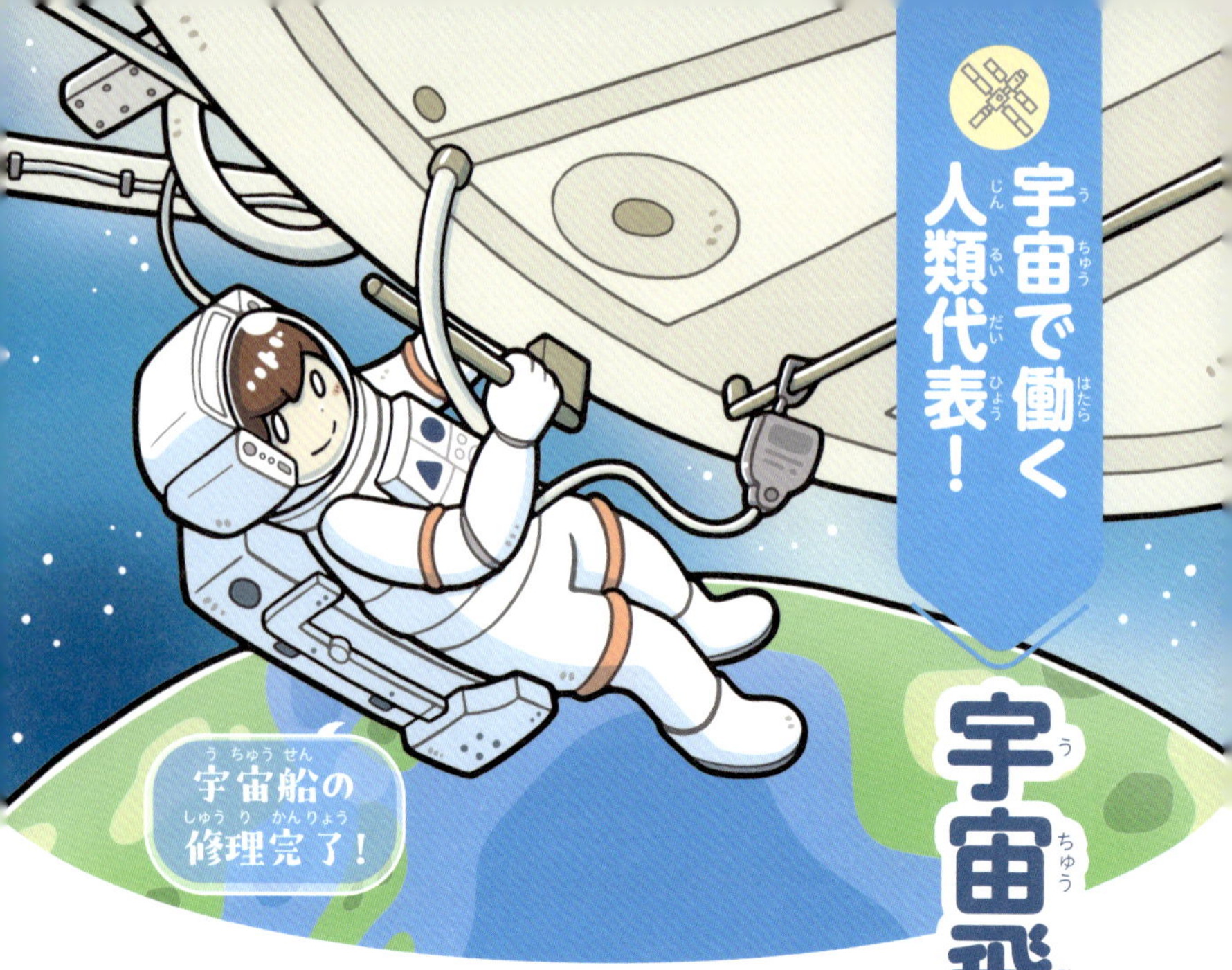

宇宙《うちゅう》で働《はたら》く
人類代表《じんるいだいひょう》！

宇宙飛行士《うちゅうひこうし》

人類《じんるい》がいままで行《い》ったことのない宇宙《うちゅう》に行《い》き、しごとをするのが宇宙飛行士《うちゅうひこうし》です。最初《さいしょ》に宇宙《うちゅう》に行《い》った宇宙飛行士《うちゅうひこうし》は、ソビエト連邦《れんぽう》（いまのロシア）のユーリ・ガガーリンでした。１９６１年《ねん》、地球《ちきゅう》のまわりを1周《しゅう》して「地球《ちきゅう》は青《あお》かった」という名言《めいげん》を残《のこ》しています。１９６９年《ねん》には、アポロ11号《ごう》でふたりのアメリカ人《じん》宇宙飛行士《うちゅうひこうし》が人類《じんるい》ではじめて月《つき》に着陸《ちゃくりく》。アポロ17号《ごう》までに合計《ごうけい》12人《にん》の宇宙飛行士《うちゅうひこうし》が月面《げつめん》を歩《ある》き、月《つき》を調《しら》べ月《つき》の石《いし》を地球《ちきゅう》に持《も》ち帰《かえ》りました。２０２４年末《ねんまつ》までに約《やく》７００人《にん》が宇宙《うちゅう》に行《い》っています。

現在《げんざい》の宇宙飛行士《うちゅうひこうし》のおもな活躍《かつやく》の場《ば》は、地球《ちきゅう》のまわりをまわる国際宇宙《こくさいうちゅう》ステーション（ＩＳＳ《アイエスエス》）です。世界《せかい》の宇宙飛行士《うちゅうひこうし》が協力《きょうりょく》して、長《なが》く生活《せいかつ》しながらさ

この人《ひと》に聞きました！

宇宙飛行士《うちゅうひこうし》
山崎直子《やまざきなおこ》さん

宇宙《うちゅう》から見《み》る地球《ちきゅう》は、キラキラと輝《かがや》いてとてもまぶしかったです。

月面《げつめん》におり立《た》ったアポロ16号《ごう》の宇宙飛行士《うちゅうひこうし》。

はじめて月面《げつめん》を歩《ある》いた宇宙《うちゅう》飛行士《ひこうし》のひとり、バズ・オルドリンの足《あし》あと。

まざまなしごとをしています。地球《ちきゅう》の生活《せいかつ》に役立《やくだ》つような実験《じっけん》や研究《けんきゅう》を行《おこな》ったり、より遠《とお》い宇宙《うちゅう》に行《い》くために新《あたら》しい装置《そうち》の試験《しけん》をしたり、宇宙船《うちゅうせん》の外《そと》に出《で》る船外活動《せんがいかつどう》で、建設《けんせつ》や修理《しゅうり》の作業《さぎょう》を行《おこな》ったりします。**人類《じんるい》は今後《こんご》、月《つき》に基地《きち》をつくり、さらに火星《かせい》を目指《めざ》そうとしています**。宇宙飛行士《うちゅうひこうし》はつねに新《あたら》しい宇宙《うちゅう》を切《き》りひらく「水先案内人《みずさきあんないにん》」ですが、どんな能力《のうりょく》が求《もと》められるでしょうか？

宇宙空間《うちゅうくうかん》は空気《くうき》がなく、また月面《げつめん》は昼《ひる》と夜《よる》の温度《おんど》差《さ》が約《やく》300℃もあり、危険《きけん》がいっぱい。どんなトラブルが起《お》こっても冷静《れいせい》に状況《じょうきょう》を見極《みきわ》め、なにをすべきか決《き》めて実行《じっこう》する**状況判断力《じょうきょうはんだんりょく》**、**行動力《こうどうりょく》**が必要《ひつよう》です。そしてさまざまな国《くに》の宇宙飛行士《うちゅうひこうし》と協力《きょうりょく》して目的《もくてき》を達成《たっせい》しなければならないので、**チームワーク**や**協調性《きょうちょうせい》**が求《もと》められます。コミュニケーションのための**英語力《えいごりょく》**は必須《ひっす》。数少《かずすく》ない人《ひと》しか経験《けいけん》できない宇宙《うちゅう》体験《たいけん》を多《おお》くの人《ひと》たちに伝《つた》える**発信力《はっしんりょく》**も重要《じゅうよう》です。

この人《ひと》に聞《き》きました！

宇宙飛行士《うちゅうひこうし》
山崎直子《やまざきなおこ》さん

いろいろな国《くに》の人《ひと》と協力《きょうりょく》するには、お互《たが》いの文化《ぶんか》を尊重《そんちょう》することが大切《たいせつ》です。

宇《う》宙《ちゅう》飛《ひ》行《こう》士《し》ってどうやってなるの？

宇宙飛行士《うちゅうひこうし》になるには試験《しけん》があります。日本《にっぽん》ではJAXA《ジャクサ》が選抜試験《せんばつしけん》を行《おこな》っています。最近《さいきん》では2022年《ねん》4月《がつ》から選抜試験《せんばつしけん》が行《おこな》われ、4127人《にん》の応募者《おうぼしゃ》から諏訪理《すわまこと》さん、米田《よねだ》あゆさんが選《えら》ばれました。**倍率《ばいりつ》はなんと、2000倍《ばい》**にもなりました。

試験《しけん》はどんな内容《ないよう》なのでしょうか？　2022年《ねん》から行《おこな》われた選抜試験《せんばつしけん》では書類選考《しょるいせんこう》のあと、第《だい》0次《じ》～4次《じ》まで、約《やく》1年間《ねんかん》かけて試験《しけん》が行《おこな》われました。健康《けんこう》かどうかを調《しら》べる医学特性検査《いがくとくせいけんさ》、科学的《かがくてき》な知識《ちしき》があるかなどを見《み》る筆記試験《ひっきしけん》、英語《えいご》の試験《しけん》、面接《めんせつ》。チームで月面《げつめん》ローバーをつくったり議論《ぎろん》したり、チームワークやリーダーシップを見《み》る試験《しけん》もあります。

宇宙飛行士《うちゅうひこうし》にはたくさんの仲間《なかま》と協力《きょうりょく》しながら、宇宙《うちゅう》というきびしい環境《かんきょう》で目的《もくてき》を達成《たっせい》する力《ちから》が求《もと》め

宇宙飛行士試験《うちゅうひこうししけん》のNG《エヌジー》行動《こうどう》

くよくよしすぎる

ペーパーテスト

人《ひと》の話《はなし》を聞《き》かない

グループワーク

られます。これらの試験《しけん》でその資質《ししつ》を見極《みきわ》めるのです。日本《にっぽん》の試験《しけん》で特徴的《とくちょうてき》なのは、**約《やく》1週間《しゅうかん》にわたり閉鎖《へいさ》しせつで行《おこな》われる試験《しけん》**です。最終試験《さいしゅうしけん》に残《のこ》った数人《すうにん》が、別室《べっしつ》から試験官《しけんかん》が見《み》つめるなか、共同生活《きょうどうせいかつ》をしながら、さまざまな課題《かだい》をこなします。失敗《しっぱい》したときにどう回復《かいふく》するか、仲間《なかま》とどうコミュニケーションをとっているかなど、面接《めんせつ》でなかなか見抜《みぬ》けない「ありのままのすがた」を見《み》るのが目的《もくてき》です。

山崎直子《やまざきなおこ》宇宙飛行士《うちゅうひこうし》は面接《めんせつ》で「**過去《かこ》の失敗《しっぱい》からなにを学《まな》んだか**」を聞《き》かれたそうです。宇宙飛行士《うちゅうひこうし》は失敗《しっぱい》しない人《ひと》ではなく、失敗《しっぱい》から学《まな》ぶ人《ひと》が選《えら》ばれます。みなさんもなにか失敗《しっぱい》したら「貴重《きちょう》な経験《けいけん》」と思《おも》って学《まな》んでくださいね。JAXA《ジャクサ》はこれから**約《やく》5年《ねん》に1回《かい》**、選抜《せんばつ》を行《おこな》う計画《けいかく》です。ほかにも、民間企業《みんかんきぎょう》の宇宙飛行士《うちゅうひこうし》になる道《みち》もあります。宇宙飛行士《うちゅうひこうし》になるチャンスはますます広《ひろ》がっていくでしょう。

宇《う》宙《ちゅう》飛《ひ》行《こう》士《し》のしごと場《ば》ってどんなところ？

現在《げんざい》、宇宙飛行士《うちゅうひこうし》のおもなしごと場《ば》は、地球上空《ちきゅうじょうくう》約《やく》400㎞を飛行《ひこう》する**国際宇宙《こくさいうちゅう》ステーション（ISS《アイエスエス》）**です。日本《にっぽん》やアメリカ、ヨーロッパ各国《かっこく》、ロシアなど15か国《こく》が協力《きょうりょく》してつくったしせつで、全《ぜん》体《たい》はサッカー場《じょう》ほどの大《おお》きさがあります。日本《にっぽん》の「きぼう」やアメリカの「デスティニー」などそれぞれの国《くに》の実験棟《じっけんとう》や、展望室《てんぼうしつ》キューポラ、宇宙《うちゅう》との出入《でい》り口《ぐち》など10ほどの部屋《へや》があります。それらの部屋《へや》は快適《かいてき》な温度《おんど》の空気《くうき》で満《み》たされていて、シャツすがたですごすことができます。

ISS《アイエスエス》には7人《にん》が半年以上住《はんとしいじょうす》めるように、個室《こしつ》や調理《ちょうり》しせつ、テーブル、トイレ、運動器具《うんどうきぐ》などがあります。水《みず》は貴重《きちょう》なので、**おしっこから飲《の》み水《みず》にリサイクル**しています。食料《しょくりょう》は基本的《きほんてき》に地球《ちきゅう》から運《はこ》び

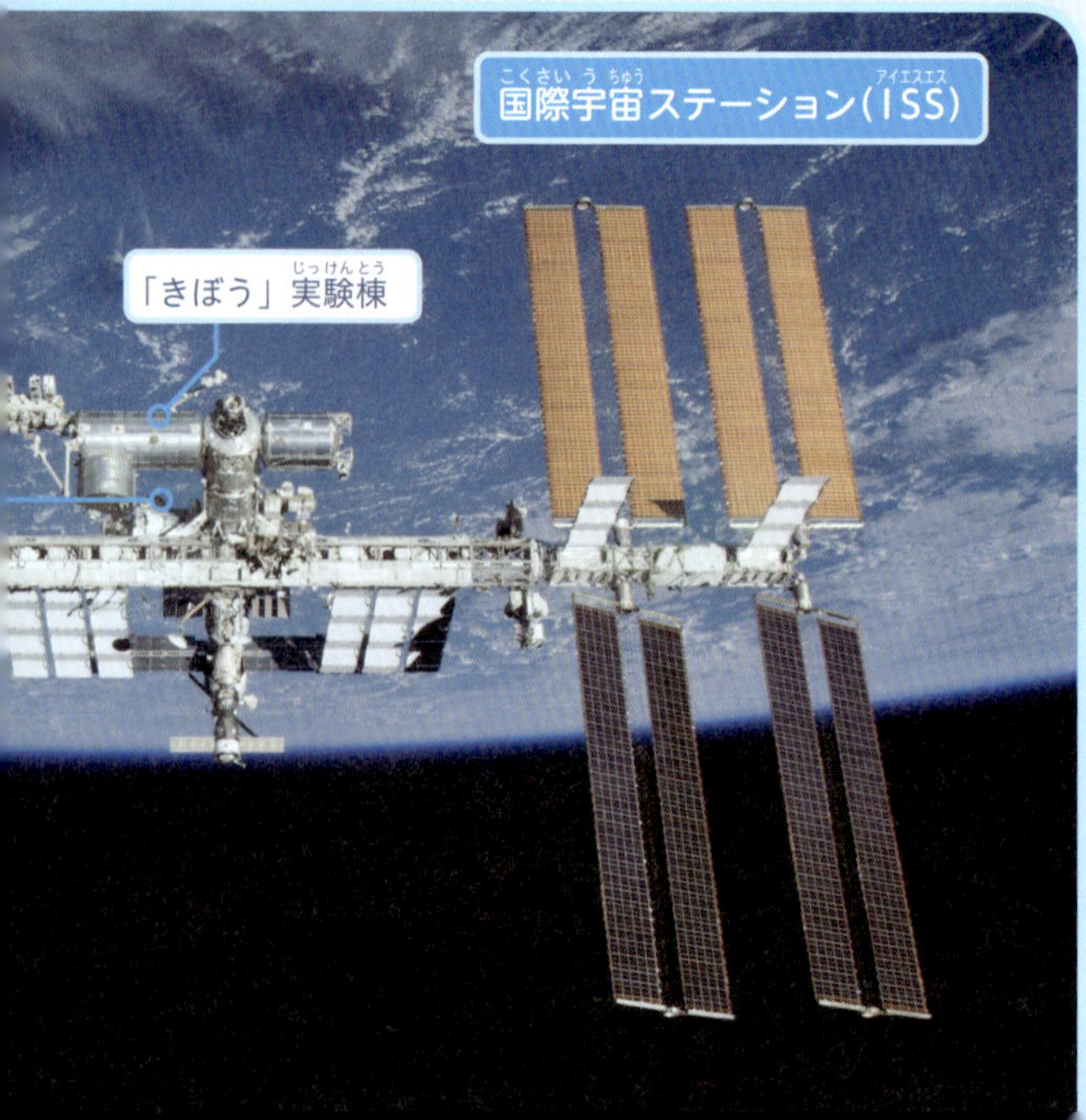

ますが、レタスなどの野菜《やさい》はISS《アイエスエス》で育《そだ》てています。**ISS《アイエスエス》は2030年《ねん》まで使《つか》われる**ことが決《き》まっています。そのあとは、商業宇宙《しょうぎょううちゅう》ステーションに引《ひ》きつがれる予定《よてい》で、いくつかの企業《きぎょう》グループが計画《けいかく》を発表《はっぴょう》しています。商業宇宙《しょうぎょううちゅう》ステーションは、民間《みんかん》の宇宙飛行士《うちゅうひこうし》や旅行者《りょこうしゃ》も受《う》け入《い》れる予定《よてい》です。実験《じっけん》や観測《かんそく》だけでなく、宇宙《うちゅう》からテレビ放送《ほうそう》をしたり、ミュージシャンがライブをしたりと、さまざまなことに利用《りよう》されるでしょう。

中国《ちゅうごく》も独自《どくじ》の宇宙《うちゅう》ステーション「天宮《てんきゅう》」を2022年《ねん》11月《がつ》に完成《かんせい》させました。3つのモジュールがあり、通常《つうじょう》3人《にん》の宇宙飛行士《うちゅうひこうし》がくらすことができます。中《ちゅう》国《ごく》は「天宮《てんきゅう》」を、世界《せかい》の国々《くにぐに》に使《つか》ってほしいと伝《つた》え、東京大学《とうきょうだいがく》も天宮《てんきゅう》での実験《じっけん》に参加《さんか》しています。

これからさまざまな国《くに》や企業《きぎょう》の宇宙《うちゅう》ステーションが建設《けんせつ》され、宇宙飛行士《うちゅうひこうし》以外《いがい》の人《ひと》たちも働《はたら》くようになるはずです。

地球《ちきゅう》を一望《いちぼう》できる巨大《きょだい》な窓《まど》がある「キューポラ」。

中国《ちゅうごく》が開発《かいはつ》した宇宙《うちゅう》ステーション「天宮《てんきゅう》」

「アルテミス計画《けいかく》」ってなに？

宇宙飛行士《うちゅうひこうし》のしごと場《ば》は、月《つき》にも広《ひろ》がろうとしています。アメリカを中心《ちゅうしん》に世界《せかい》が協力《きょうりょく》して月《つき》や火星《かせい》を探査《たんさ》するプロジェクト、「アルテミス計画《けいかく》」に日《に》本《ほん》は参加《さんか》しています。アルテミス計画《けいかく》は段階的《だんかいてき》に進《すす》められます。まず、月《つき》のまわりを宇宙飛行士《うちゅうひこうし》たちがぐるりとまわって飛行《ひこう》し、宇宙船《うちゅうせん》のテストをします。宇宙船《うちゅうせん》の安全《あんぜん》がかくにんされたら、いよいよ宇宙飛《うちゅうひ》行士《こうし》ふたりが月《つき》に着陸《ちゃくりく》します。そのうちひとりは女《じょ》性飛行士《せいひこうし》です。アポロ計画《けいかく》で月《つき》におりた12人《にん》の宇宙《うちゅう》飛行士《ひこうし》は全員男性《ぜんいんだんせい》でしたが、月《つき》を歩《ある》く人類初《じんるいはつ》の女性《じょせい》宇宙飛行士《うちゅうひこうし》が誕生《たんじょう》するのです。

いっぽう、月《つき》のまわりには「ゲートウェイ」という宇宙《うちゅう》ステーションの建設《けんせつ》も進《すす》められます。将来《しょうらい》は、地球《ちきゅう》からの宇宙船《うちゅうせん》はまず「ゲートウェイ」に向《む》かい、

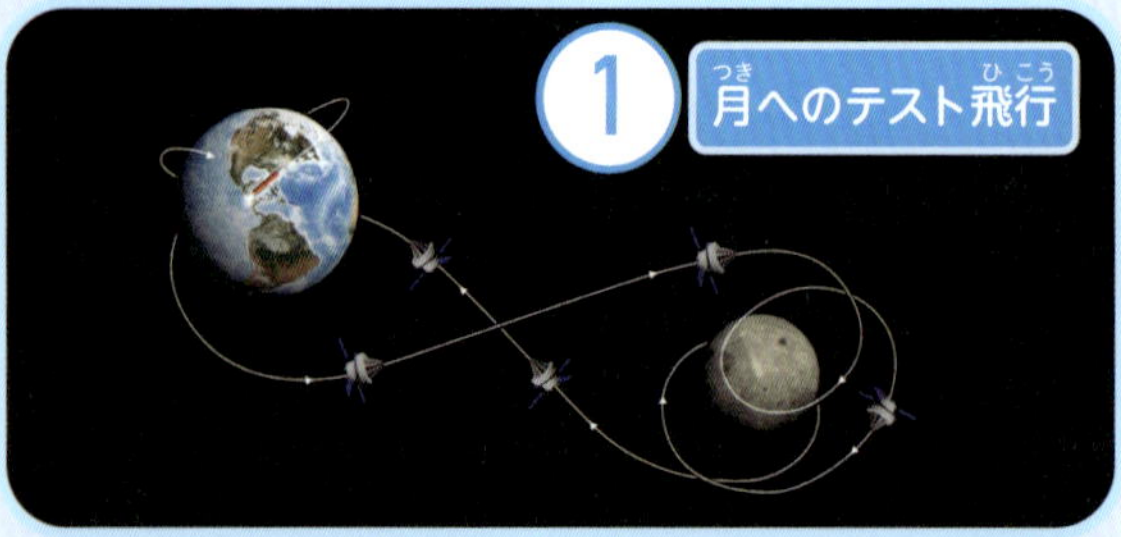

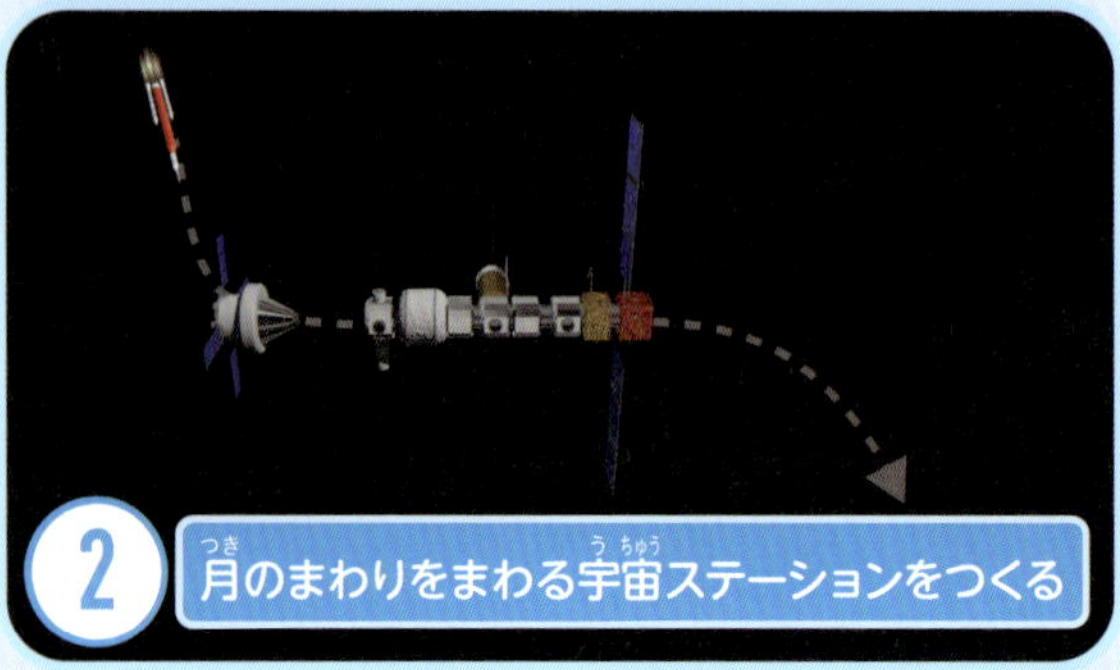

ゲートウェイで月着陸船《つきちゃくりくせん》に乗《の》りかえて月面着陸《げつめんちゃくりく》するようになります。日本人宇宙飛行士《にほんじんうちゅうひこうし》も近《ちか》い将来《しょうらい》、月面《げつめん》で活動《かつどう》する予定《よてい》です。アメリカと日本政府《にほんせいふ》のあいだで正式《せいしき》に約束《やくそく》されたことで、実現《じつげん》すれば、日本人《にほんじん》初《はつ》の月着陸《つきちゃくりく》。楽《たの》しみですね！

月《つき》で宇宙飛行士《うちゅうひこうし》はなにをするのでしょうか？　月《つき》には水《みず》があると考《かんが》えられています。その水《みず》を利用《りよう》して、月面基地《げつめんきち》をつくって生活《せいかつ》したり、宇宙船《うちゅうせん》の燃料《ねんりょう》をつくったりします。また日本《にっぽん》はアルテミス計画《けいかく》で、大《おお》きな月面車《げつめんしゃ》をつくることを約束《やくそく》しています。その月面車《げつめんしゃ》にはふたりの宇宙飛行士《うちゅうひこうし》が30日前《にちぜん》後《ご》、生活《せいかつ》しながら月面《げつめん》を移動《いどう》できる4畳半《じょうはん》ほどの部屋《へや》があります。無人《むじん》で走《はし》ることも可能《かのう》です。月《つき》の地質《ちしつ》や資源《しげん》などを広《ひろ》い範囲《はんい》にわたって調《しら》べ、月《つき》での科学《かがく》や産業《さんぎょう》に役立《やくだ》てることができるでしょう。将来《しょうらい》は月《つき》から、火星《かせい》への宇宙船《うちゅうせん》も出航《しゅっこう》する計画《けいかく》です。

2024年《ねん》10月《がつ》21日《にち》にJAXA《ジャクサ》宇《う》宙飛行士《ちゅうひこうし》に認定《にんてい》された米田《よねだ》あゆさん（左《ひだり》）と諏訪理《すわまこと》さん（右《みぎ》）。

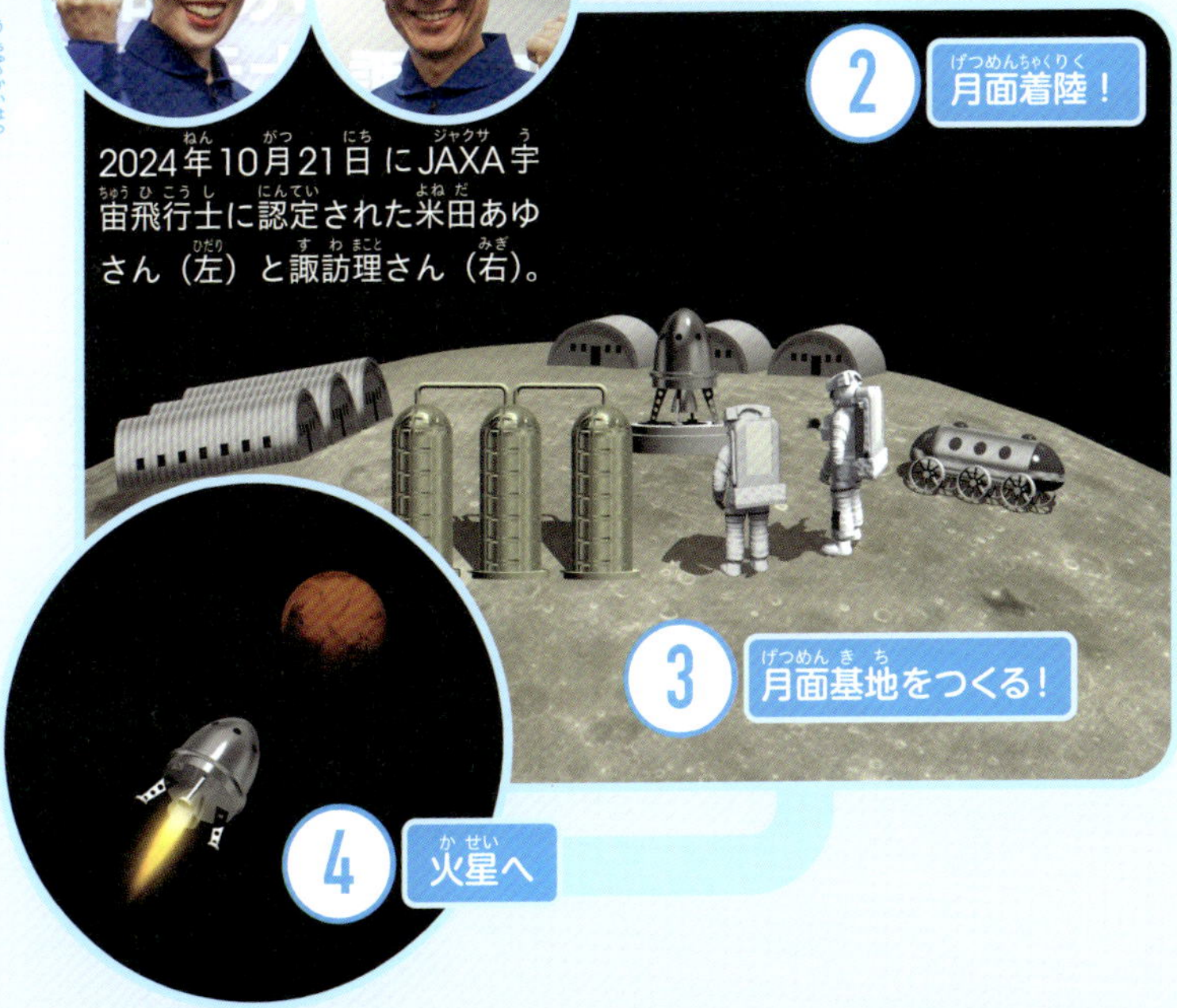

でいる気《き》がしました

宇宙飛行士《うちゅうひこうし》

山崎直子

やまざき なおこ

元《もと》・JAXA《ジャクサ》 宇宙飛行士《うちゅうひこうし》

スペースシャトル「ディスカバリー号《ごう》」のミッションに参加《さんか》。ISS《アイエスエス》のロボットアームの操作《そうさ》や物資《ぶっし》の運搬責任者《うんぱんせきにんしゃ》を担当《たんとう》した。

星《ほし》や動物《どうぶつ》が好《す》きなのんびり屋《や》さんの子《こ》ども時代《じだい》

星《ほし》が好《す》きになったのは、小学生《しょうがくせい》のときでした。プラネタリウムに通《かよ》ったり星空《ほしぞら》を見《み》たり、図鑑《ずかん》や本《ほん》を読《よ》んだりしていました。動物《どうぶつ》も大好《だいす》きで、学校《がっこう》では飼育係《しいくがかり》。セミが羽化《うか》するのを見《み》たくて、毛布《もうふ》をかぶって夜《よ》ふけまで見《み》ていたりする、のんびりした子《こ》どもでした。

宇宙《うちゅう》をテーマにしたアニメ作品《さくひん》『宇宙戦艦《うちゅうせんかん》ヤマト』や『銀河鉄道《ぎんがてつどう》999《スリーナイン》』を見《み》て、宇宙《うちゅう》に興味《きょうみ》をもちました。将来《しょうらい》はみんな宇宙《うちゅう》に住《す》んでいるんだろうなと想像《そうぞう》していました。大《おお》きくなったら学校《がっこう》の先生《せんせい》か、習字《しゅうじ》の先生《せんせい》になりたいと考《かんが》えていましたね。

宇宙飛行士《うちゅうひこうし》になりたいと具体的《ぐたいてき》に思《おも》ったきっかけは、1986年《ねん》1月末《がつまつ》に起《お》きたスペースシャトル・チャレンジャー号《ごう》の事故《じこ》を見《み》たことです。当時《とうじ》、中学《ちゅうがく》3年生《ねんせい》で高校受験《こうこうじゅけん》のために夜《よ》ふかしを

宇宙《うちゅう》を体中《からだじゅう》の細胞《さいぼう》が喜《よろこ》ん

しながら、テレビ中継《ちゅうけい》を見《み》ていました。宇宙飛行士《うちゅうひこうし》7人《にん》のなかに、学校《がっこう》の先生《せんせい》がいて、宇宙授業《うちゅうじゅぎょう》をする予定《よてい》だと話《はな》されていたのが、学校《がっこう》の先生《せんせい》になりたいと考《かんが》えていた私《わたし》の心《こころ》にすごく残《のこ》ったんです。

ところが、チャレンジャー号《ごう》は発射後《はっしゃご》に爆発《ばくはつ》して、宇宙飛行士《うちゅうひこうし》たちは残念《ざんねん》ながら亡《な》くなってしまいます。ショッキングな事故《じこ》でしたが、それ以上《いじょう》にアニメの世界《せかい》だと思《おも》っていた宇宙開発《うちゅうかいはつ》がリアルに感《かん》じられました。また、痛《いた》ましい事故《じこ》があっても宇宙開発《うちゅうかいはつ》を前《まえ》に進《すす》めていくというアメリカの声明《せいめい》が出《だ》され、私《わたし》も宇宙開発《うちゅうかいはつ》の仲間《なかま》に入《はい》って、その先生《せんせい》の遺志《いし》をつげたらいいなと思《おも》ったんです。

それから英語《えいご》を勉強《べんきょう》し、宇宙《うちゅう》に関《かん》する本《ほん》を少《すこ》しずつ読《よ》んでいきました。どうしたら宇宙飛行士《うちゅうひこうし》になれるかはわかりませんでしたが、宇宙開発《うちゅうかいはつ》にたずさわれたらと思《おも》って東京大学《とうきょうだいがく》に入学《にゅうがく》し、宇宙工学《うちゅうこうがく》を学《まな》びました。大学院時代《だいがくいんじだい》に宇宙飛行士試験《うちゅうひこうししけん》に一度応募《いちどおうぼ》しましたが、そのときは条件《じょうけん》が満《み》たされず書類選考《しょるいせんこう》で不合格《ふごうかく》。JAXA《ジャクサ》に入《はい》ってから募集《ぼしゅう》があり、2度目《どめ》の挑戦《ちょうせん》で合格《ごうかく》できました。

いざ宇宙《うちゅう》へ！

1999年《ねん》に宇宙飛行士候補者《うちゅうひこうしこうほしゃ》に選《えら》ばれてから約《やく》11年経《ねんた》った2010年《ねん》4月《がつ》、スペースシャトルで宇宙《うちゅう》に行《い》くことができました。打《う》ち上《あ》げから8分《ぷん》30秒後《びょうご》に宇宙《うちゅう》に到着《とうちゃく》です。エンジンが止《と》まって、シートベルトを外《はず》すと体《からだ》がふわっとういて無重力《むじゅうりょく》になった瞬間《しゅんかん》を、いまでも強烈《きょうれつ》に覚《おぼ》えています。

はじめて宇宙《うちゅう》に行《い》ったのに、体中《からだじゅう》の細胞《さいぼう》がすごく喜《よろこ》んでいるような、懐《なつ》かしがっているような感覚《かんかく》がしました。私《わたし》たちは、星《ほし》の最期《さいご》の爆発《ばくはつ》によってできたいろいろな元素《げんそ》が集《あつ》まってできていますし、お母《かあ》さんのおなかのなかで無重力状態《むじゅうりょくじょうたい》のようにうかんでいた記憶《きおく》が残《のこ》っていたのかもしれません。ふるさとに帰《かえ》ってきたような感《かん》じがしました。

宇宙《うちゅう》に到着《とうちゃく》してから、地球《ちきゅう》を見《み》ようと窓《まど》のところに行《い》きました。足元《あしもと》に見《み》えるだろうと思《おも》っていた地球《ちきゅう》が、頭《あたま》の上《うえ》に見《み》えておどろきました。地球《ちきゅう》は日《ひ》の出《で》の光《ひかり》を浴《あ》びて、青《あお》く、キラキラとまぶしく輝《かがや》いていました。

私《わたし》たちのしごとは、国際宇宙《こくさいうちゅう》ステーションの建《けん》設作業《せっさぎょう》と物資補給《ぶっしほきゅう》。宇宙《うちゅう》で使《つか》う実験用《じっけんよう》のたなや物《ぶっ》資《し》を大量《たいりょう》に積《つ》んだモジュールをロボットアームを操作《そうさ》してドッキングさせたあと、荷物《にもつ》を宇宙《うちゅう》ステーションのなかに運《はこ》ぶいそがしいしごとでした。

私《わたし》にとって宇宙《うちゅう》は、子《こ》どものときからあこがれの場所《ばしょ》でした。実際《じっさい》に宇宙《うちゅう》に行《い》ってみると、宇宙《うちゅう》は真《ま》っ暗《くら》なやみがどこまでも広《ひろ》がっています。その暗《くら》やみのなかで地球《ちきゅう》が青《あお》くまぶしく光《ひか》っている。その光景《こうけい》を見《み》ると、宇宙《うちゅう》では地球《ちきゅう》こそが特別《とくべつ》であこがれの場所《ばしょ》なんだ、と考《かんが》えが180度《ど》変《か》わりました。

地球《ちきゅう》に帰《かえ》ってスペースシャトルから外《そと》に出《で》ると、そよ風《かぜ》に乗《の》って草《くさ》の香《かお》りがただよってきて、土《つち》があって水《みず》がある。当《あ》たり前《まえ》だと思《おも》っていた自然《しぜん》の存在《そんざい》が、本当《ほんとう》にありがたいなと気《き》づきました。

宇宙飛行士《うちゅうひこうし》を目指《めざ》すみなさんへ

私《わたし》が子《こ》どものころには、日本人《にほんじん》が宇宙飛行士《うちゅうひこうし》になれるとは思《おも》っていませんでした。宇宙飛行士《うちゅうひこうし》というしごとがあることも、中学生《ちゅうがくせい》で知《し》ったのです。

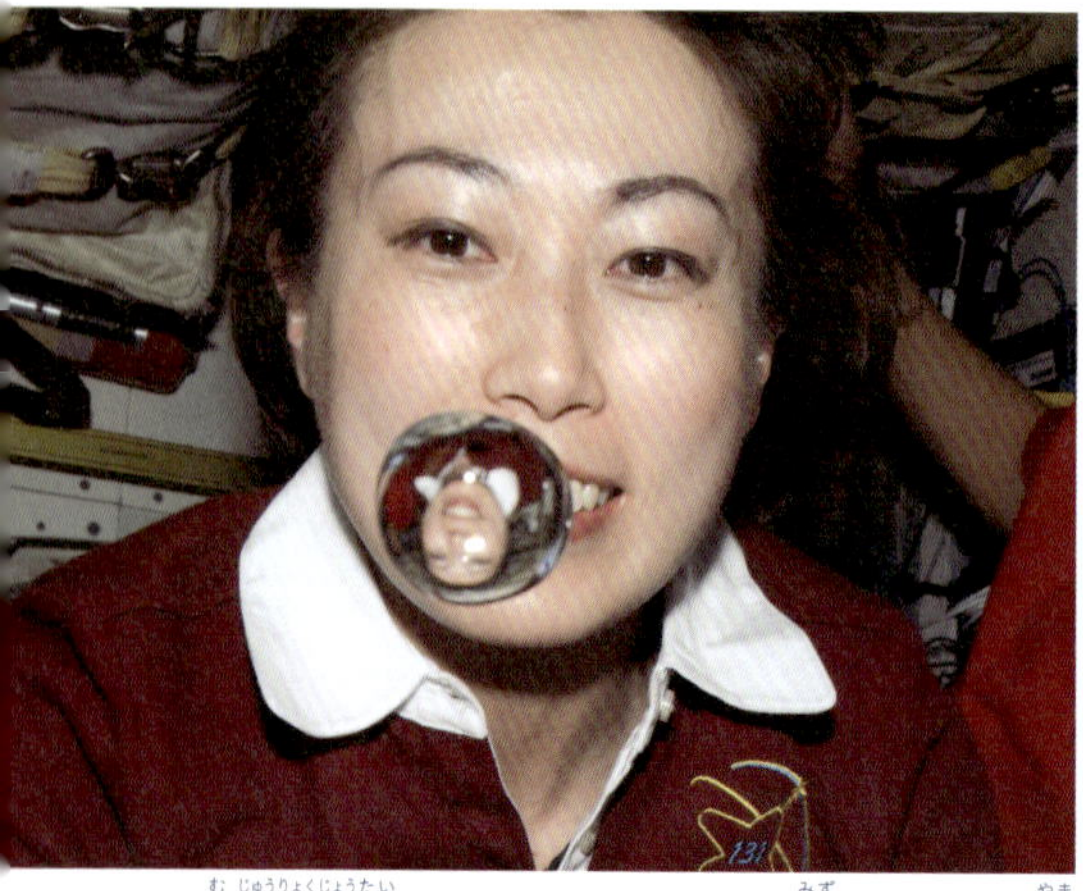
無重力状態《むじゅうりょくじょうたい》のスペースシャトルで水《みず》をうかべる山《やま》崎直子《ざきなおこ》宇宙飛行士《うちゅうひこうし》。

展望室《てんぼうしつ》「キューポラ」に集《あつ》まる山崎直子《やまざきなおこ》宇宙飛行士《うちゅうひこうし》とクルー。

みなさんが大人《おとな》になるころには、宇宙飛行士《うちゅうひこうし》というしごとは、いまよりもっと幅広《はばひろ》いものになるでしょう。

男女《だんじょ》ともに、さまざまな専門《せんもん》をもつ宇宙飛行士《うちゅうひこうし》がいますし、子育《こそだ》て中《ちゅう》の飛行士《ひこうし》もたくさんいます。ヨーロッパでは足《あし》に障害《しょうがい》のある方《かた》も選《えら》ばれています。宇宙《うちゅう》に行《い》くと歩《ある》く必要《ひつよう》がないので、足《あし》が不自《ふじ》由《ゆう》なことがハンディでなくなるんです。宇宙《うちゅう》ではさまざまな人《ひと》が活躍《かつやく》することができます。

だから、いま見《み》えている常識《じょうしき》だけにとらわれず、もっと世界《せかい》を広《ひろ》げていってほしいなと思《おも》います。宇宙飛行士《うちゅうひこうし》になるための道《みち》は決《き》まっていません。むしろ自分《じぶん》で道《みち》をつくっていくぐらいに思《おも》ってほしい。むずかしいと思《おも》うかもしれないけれど、「自分《じぶん》が宇宙《うちゅう》でこんなことをしたい」という想像力《そうぞうりょく》をどんどんふくらませていくと、「じゃあ、いまはこんなことをしたらいいかな」と道《みち》をつくっていくことができます。だからみなもとになるのは、好奇心《こうきしん》。ワクワクする気持《きも》ちです。それを大切《たいせつ》にしながら道《みち》をひらいてください。

私《わたし》もいつか、月《つき》に寺子屋《てらこや》のような学《まな》びの場《ば》をつくりたい。世界中《せかいじゅう》の生徒《せいと》さんたちが集《あつ》まっていっしょに地球《ちきゅう》を見《み》ながら学《まな》べるように。そんな夢《ゆめ》をもち続《つづ》けています。

宇宙飛行士《うちゅうひこうし》と最強《さいきょう》タッグ

フライトディレクタ

宇宙飛行士《うちゅうひこうし》の飛行《ひこう》を24時間《じかん》365日《にち》地上《ちじょう》から見守《みまも》り、安全《あんぜん》な宇宙飛行《うちゅうひこう》をささえるのが**運用管制《うんようかんせい》チーム**。そのリーダーが**フライトディレクタ**で、宇宙飛行士《うちゅうひこうし》の最強《さいきょう》の相棒《あいぼう》です。

宇宙飛行士《うちゅうひこうし》にはたくさんのしごとがあり、宇宙船《うちゅうせん》のすべての機器《きき》の状態《じょうたい》を見《み》る余裕《よゆう》はありません。運用管制《うんようかんせい》チームには通信《つうしん》や電力《でんりょく》など、いろいろな分野《ぶんや》の知識《ちしき》をもつ管制官《かんせいかん》がいて、それぞれの機器《きき》の状態《じょうたい》をつねに見守《みまも》り、たとえば「この機器《きき》の温度《おんど》がいつもより高《たか》い」と気《き》づいたら、トラブルが大《おお》きくならないうちに解決《かいけつ》します。

フライトディレクタ率《ひき》いるチームが宇宙飛行士《うちゅうひこうし》の命《いのち》を救《すく》った例《れい》として有名《ゆうめい》なのが、月《つき》を目指《めざ》した「ア

この人《ひと》に聞《き》きました！

JAXA《ジャクサ》 松浦真弓《まつうらまゆみ》さん

問題《もんだい》の芽《め》を早《はや》くつむことが大事《だいじ》。「2、3分《ぷん》で処理《しょり》せよ」とNASA《ナサ》で訓練《くんれん》されました。

奇跡的《きせきてき》な生還《せいかん》をはたした
アポロ13号《ごう》のクルーたち。

ポロ13号《ごう》」です。打《う》ち上《あ》げ後《ご》、**宇宙船《うちゅうせん》の酸素《さんそ》タンクが爆発《ばくはつ》、宇宙飛行士《うちゅうひこうし》は絶体絶命《ぜったいぜつめい》のピンチにさらされます**。NASA《ナサ》の運用管制《うんようかんせい》チームが残《のこ》された酸素《さんそ》や電力《でんりょく》で地球《ちきゅう》に帰《かえ》る方法《ほうほう》を考《かんが》えて指示《しじ》を送《おく》り、3人《にん》の宇宙飛行士《うちゅうひこうし》は無事《ぶじ》に地球《ちきゅう》に帰《かえ》ることができたのです。

国際宇宙《こくさいうちゅう》ステーション（ISS《アイエスエス》）の「きぼう」日《に》本実験棟《ほんじっけんとう》の運用管制室《うんようかんせいしつ》はJAXA《ジャクサ》筑波宇宙《つくばうちゅう》センターにあり、**最大十数人《さいだいじゅうすうにん》の管制官《かんせいかん》がつねに「きぼう」を見守《みまも》ります**。管制官《かんせいかん》たちの報告《ほうこく》を受《う》けて、最終判断《さいしゅうはんだん》するのがフライトディレクタ。卓上《たくじょう》のたくさんのモニター画面《がめん》で「きぼう」の状態《じょうたい》や宇宙飛行士《うちゅうひこうし》の作業《さぎょう》を目《め》で追《お》い、耳《みみ》では宇宙《うちゅう》と地上《ちじょう》、世界《せかい》の管制局《かんせいきょく》のあいだで交《か》わされる交信《こうしん》を最大《さいだい》16回線《かいせん》聞《き》き、指示《しじ》を出《だ》します。宇宙飛行士《うちゅうひこうし》から直接電話《ちょくせつでんわ》がかかってくることもあります。フライトディレクタになるには訓練《くんれん》や試験《しけん》があります。筑波宇宙《つくばうちゅう》センターには「きぼう」だけでなく、ISS《アイエスエス》補給船《ほきゅうせん》の運用管制室《うんようかんせいしつ》もあります。

この人《ひと》に聞《き》きました！

JAXA《ジャクサ》
内山崇《うちやまたかし》さん

宇宙《うちゅう》はトラブルだらけ。ミッションごとになにかが起《お》こると想定《そうてい》しきびしい訓練《くんれん》をしています。

宇宙飛行士《うちゅうひこうし》のお医者《いしゃ》さん

フライトサージャン

航空宇宙医学《こうくううちゅういがく》の知識《ちしき》をもち、宇宙飛行士《うちゅうひこうし》の健康《けんこう》を管理《かんり》するお医者《いしゃ》さんが、「フライトサージャン」。病気《びょうき》を治療《ちりょう》するというより、宇宙飛行士《うちゅうひこうし》が宇宙《うちゅう》に行《い》って、地上《ちじょう》に帰《かえ》ったあとまで、体《からだ》も心《こころ》も健康《けんこう》に保《たも》つのが大《おお》きなしごとです。

宇宙飛行士《うちゅうひこうし》が宇宙《うちゅう》に行《い》くことが決《き》まると、訓練《くんれん》に立《た》ち会《あ》ったり、医学検査《いがくけんさ》の結果《けっか》をかくにんしたりします。宇宙飛行士《うちゅうひこうし》が宇宙《うちゅう》に行《い》ったあとは、1週間《しゅうかん》に1回《かい》ほどビデオで話《はな》し、体調《たいちょう》の変化《へんか》やこまっていることなどに早《はや》めに気《き》づいて、休《やす》みをとったり薬《くすり》を飲《の》んだりするよう指示《しじ》を出《だ》します。宇宙飛行士《うちゅうひこうし》が地球《ちきゅう》にもどったあとは、地上《ちじょう》の重力《じゅうりょく》にいち早《はや》くなれるよう、リハビリのデータをかくにんします。

この人《ひと》に聞《き》きました!

JAXA《ジャクサ》
井上夏彦《いのうえなつひこ》さん

滞在期間《たいざいきかん》が長《なが》いので、少《すこ》しでもストレスを減《へ》らせるようにお楽《たの》しみ袋《ぶくろ》やイベントを提供《ていきょう》します。

宇宙飛行士《うちゅうひこうし》の先生《せんせい》 訓練《くんれん》インストラクタ

「きぼう」の使《つか》い方《かた》を教《おし》える訓練《くんれん》インストラクタ。

宇宙飛行士《うちゅうひこうし》の訓練《くんれん》を行《おこな》う先生《せんせい》が「訓練《くんれん》インストラクタ」です。訓練《くんれん》ごとにさまざまなインストラクタがいますが、たとえば国際宇宙《こくさいうちゅう》ステーション「きぼう」実験棟《じっけんとう》のインストラクタは「きぼう」をどうやって使《つか》うか、緊急事態《きんきゅうじたい》が起《お》こったらどうするかなどを教《おし》えます。生徒《せいと》は日本人《にほんじん》だけでなく世界《せかい》の宇宙飛行士《うちゅうひこうし》です。**インストラクタになるにはさまざまな訓練《くんれん》を受《う》けて試験《しけん》に合格《ごうかく》しなければなりません**。技術《ぎじゅつ》や知識《ちしき》、英語力《えいごりょく》はもちろん、短《みじか》い訓練時間《くんれんじかん》のなかでポイントをつかんでもらう「**伝《つた》える技術《ぎじゅつ》**」も必要《ひつよう》です。ほかに、日本人宇宙飛行士《にほんじんうちゅうひこうし》の体力訓練《たいりょくくんれん》や帰還後《きかんご》のリハビリなど、健康管理《けんこうかんり》をサポートするしごともあります。

この人《ひと》に聞《き》きました！

JAMSS《ジャムス》 醍醐加奈子《だいごかなこ》さん

すべての訓練《くんれん》の基本《きほん》は、「宇宙《うちゅう》では命《いのち》を守《まも》ることが最優先《さいゆうせん》」という考《かんが》え方《かた》です。

ひとり乗《の》りの宇宙船《うちゅうせん》

宇《う》宙《ちゅう》服《ふく》デザイナー

宇宙服《うちゅうふく》にはいろいろな種類《しゅるい》があります。宇宙船《うちゅうせん》に乗《の》るときに着《き》る宇宙服《うちゅうふく》、宇宙船《うちゅうせん》から出《で》て作業《さぎょう》をするための船外活動用《せんがいかつどうよう》の宇宙服《うちゅうふく》などです。船外活動用《せんがいかつどうよう》の宇宙服《うちゅうふく》は、**真空《しんくう》の宇宙《うちゅう》で7時間《じかん》ほど宇宙飛行士《うちゅうひこうし》が作業《さぎょう》できる**ように、酸素《さんそ》や水《みず》を積《つ》み、宇宙《うちゅう》のはげしい温度差《おんどさ》から宇宙飛行士《うちゅうひこうし》を守《まも》る機能《きのう》がつめこまれていて、「**ひとり乗《の》りの宇宙船《うちゅうせん》**」ともよばれます。

アメリカでは月面《げつめん》でも作業《さぎょう》ができるように、**新《あたら》しい船外活動用《せんがいかつどうよう》宇宙服《うちゅうふく》**が開発《かいはつ》されています。また宇宙《うちゅう》船《せん》をつくる企業《きぎょう》には宇宙服《うちゅうふく》をつくる部門《ぶもん》があります。**3D《スリーディー》プリンター**などの新《あたら》しい技術《ぎじゅつ》や素材《そざい》を使《つか》って、宇宙飛行士《うちゅうひこうし》を過酷《かこく》な環境《かんきょう》から守《まも》りながら、動《うご》きやすく、かっこいい宇宙服《うちゅうふく》をデザイン、製作《せいさく》しています。

船《せん》外《がい》活《かつ》動《どう》用《よう》宇《う》宙《ちゅう》服《ふく》のしくみ

ヘルメット

ライトやカメラ、水《みず》を飲《の》むためのストローなどがついているよ。

生命維持装置《せいめいいじそうち》

酸素《さんそ》や水《みず》を積《つ》み、宇宙服《うちゅうふく》のなかの温《おん》度《ど》や気圧《きあつ》を調整《ちょうせい》するよ。

冷却下着《れいきゃくしたぎ》

下着《したぎ》の表面《ひょうめん》に水《みず》をチューブでめぐらせて、宇宙《うちゅう》服《ふく》のなかの温度《おんど》を上《あ》がりにくくする。

表示制御《ひょうじせいぎょ》モジュール

宇宙服《うちゅうふく》の状態《じょうたい》をしめし、それぞれの機器《きき》の調整《ちょうせい》を行《おこな》うことができる。

星出彰彦《ほしであきひこ》
宇宙飛行士《うちゅうひこうし》

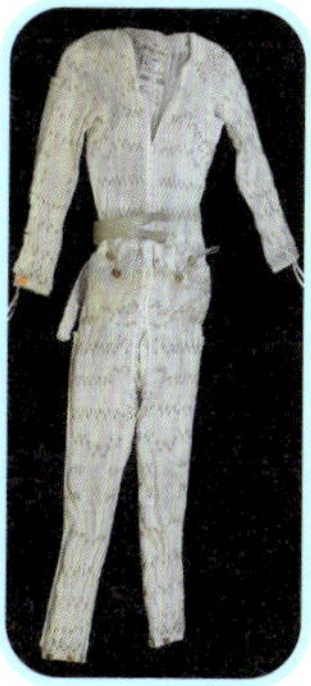

▶打《う》ち上《あ》げ時《じ》と帰《き》還時《かんじ》に着《き》る新《あたら》しい船内宇宙服《せんないうちゅうふく》。

宇宙《うちゅう》はいろんな使《つか》い方《かた》ができる！

国際宇宙《こくさいうちゅう》ステーションは、さまざまな目的《もくてき》で使《つか》われています。たとえば宇宙《うちゅう》でしかつくれない大《おお》きく、きれいな結晶《けっしょう》の情報《じょうほう》をもとに、新《あたら》しい薬《くすり》をつくることができます。大学《だいがく》や企業《きぎょう》が数十《すうじっ》cmの小《ちい》さな人工衛星《じんこうえいせい》をさかんにつくっていますが、なかなかロケットで打《う》ち上《あ》げる機会《きかい》がありません。このような**超小型《ちょうこがた》の衛星《えいせい》を「きぼう」日本実験棟《にほんじっけんとう》から宇宙《うちゅう》に放出《ほうしゅつ》**できます。「きぼう」に放送局《ほうそうきょく》をつくり、**宇宙《うちゅう》から「初《はつ》日《ひ》の出《で》」生中継《なまちゅうけい》**もされました。このように宇宙《うちゅう》を使《つか》うには宇宙機関《うちゅうきかん》との交渉《こうしょう》、装置《そうち》づくりや宇宙飛行士《うちゅうひこうし》の訓練《くんれん》など、コーディネートする人《ひと》が必要《ひつよう》です。超小型衛星放出《ちょうこがたえいせいほうしゅつ》や一部《いちぶ》の宇宙実験《うちゅうじっけん》などは民間企業《みんかんきぎょう》が窓口《まどぐち》になっていて、研究者《けんきゅうしゃ》でなくても宇宙《うちゅう》を利用《りよう》することができます。

宇宙《うちゅう》ステーション補給機《ほきゅうき》「こうのとり」で運《はこ》ばれた生鮮食品《せいせんしょくひん》を受《う》けとる宇宙飛行士《うちゅうひこうし》たち。

てき
ぱき
人工衛星《じんこうえいせい》をセットする！
実験《じっけん》をする！
宇宙実験《うちゅうじっけん》
コーディネーター
製薬会社《せいやくがいしゃ》
放送局《ほうそうきょく》
アーティスト

究極《きゅうきょく》のものづくり
ロケットエンジニア

宇宙《うちゅう》に人《ひと》や物《もの》を運《はこ》ぶ「**運《はこ》び屋《や》さん**」がロケットです。ロケットは数万点以上《すうまんてんいじょう》の部品《ぶひん》からできていて、たったひとつの部《ぶ》品《ひん》がこわれても打《う》ち上《あ》げは失敗《しっぱい》してしまうことがあります。しかも発射後《はっしゃご》はトラブルがあっても直《なお》せないのがむずかしいところ。そこで、きちんと性能《せいのう》が出《で》るか試験《しけん》をした部品《ぶひん》を使《つか》って、組《く》み立《た》ての前《ぜん》後《ご》に何度《なんど》も試験《しけん》を行《おこな》います。ロケット開《かい》発《はつ》はおおまかに、**どんなロケットにするか考《かんが》える**ことからはじまり、**設計図《せっけいず》を描《か》き**、**つくり方《かた》を考《かんが》えて**、**ものづくり**、**試《し》験《けん》**という流《なが》れで進《すす》んでいきます。

ロケットのパワーを生《う》み出《だ》す 推進系《すいしんけい》

強力《きょうりょく》なエンジンやターボポンプで宇宙《うちゅう》に飛《と》び立《た》つパワーを生《う》み出《だ》すよ。

この人《ひと》に聞きました!

インターステラテクノロジズ
中山聡《なかやまさとし》さん

車《くるま》や飛行機《ひこうき》をつくっていた人《ひと》がロケットづくりで活躍《かつやく》することもあります!

さまざまなロケットエンジニア

ここで紹介《しょうかい》するのはほんの一部《いちぶ》で、もっといろいろな分野《ぶんや》の専門家《せんもんか》がかかわっているよ！

ロケットの発《はっ》射台《しゃだい》をつくる

設備系《せつびけい》

射場《しゃじょう》や管制《かんせい》センター、試験場《しけんじょう》などの設備《せつび》がないと、ロケットは打《う》ち上《あ》げられないんだ。

ロケットの頭脳《ずのう》をつくる

アビオニクス系《けい》、電気《でんき》・通信系《つうしんけい》

ロケットをコンピュータと電気《でんき》信号《しんごう》でコントロールするよ。

ロケットの体《からだ》をつくる

構造系《こうぞうけい》、メカトロニクス系《けい》

発射《はっしゃ》のしょうげきにたえるボディや、ふくざつな動《うご》きをする部品《ぶひん》をつくるよ。

牛《うし》のウンチがロケットの燃料《ねんりょう》のもとになることもある！

この人《ひと》に聞《き》きました！

インターステラテクノロジズ 中山《なかやま》聡《さとし》さん

つくり方《かた》によってかかるお金《かね》や時間《じかん》が大《おお》きく変《か》わるので、つくり方《かた》を考《かんが》える部門《ぶもん》もあります！

ロケット大《だい》図《ず》鑑《かん》

地球《ちきゅう》の重力《じゅうりょく》を振《ふ》り切《き》ってロケットが宇宙《うちゅう》に飛《と》び出《だ》すためには、ものすごく大《おお》きなエネルギーが必要《ひつよう》です。そのため、ロケットの中身《なかみ》はほとんど燃料《ねんりょう》で、人工衛星《じんこうえいせい》や宇宙飛行士《うちゅうひこうし》は、一番上《いちばんうえ》に乗《の》っています。発射《はっしゃ》のときは、大量《たいりょう》の燃料《ねんりょう》と酸素《さんそ》をエンジンに送《おく》り、燃《も》やしてできた高温《こうおん》ガスを超高速《ちょうこうそく》でふき出《だ》します。その反動《はんどう》でロケットは飛《と》び立《た》ちます。人工衛星《じんこうえいせい》は、ロケットの発射《はっしゃ》が成功《せいこう》して、宇宙《うちゅう》に到着《とうちゃく》しないとしごとができません。目的《もくてき》の場所《ばしょ》に、約束《やくそく》した時間《じかん》に、安《やす》く届《とど》けてくれるロケットを目標《もくひょう》に、世界中《せかいじゅう》の国《くに》や会社《かいしゃ》が開発競争《かいはつきょうそう》をしています。ほとんどのロケットは1回《かい》しか使《つか》えませんが、打《う》ち上《あ》げたあとに地上《ちじょう》にもどってきて、くり返《かえ》し使《つか》えるロケットもあり、世《せ》界《かい》で研究《けんきゅう》が進《すす》められています。

運用国《うんようこく》（運用組織《うんようそしき》）

全長《ぜんちょう》

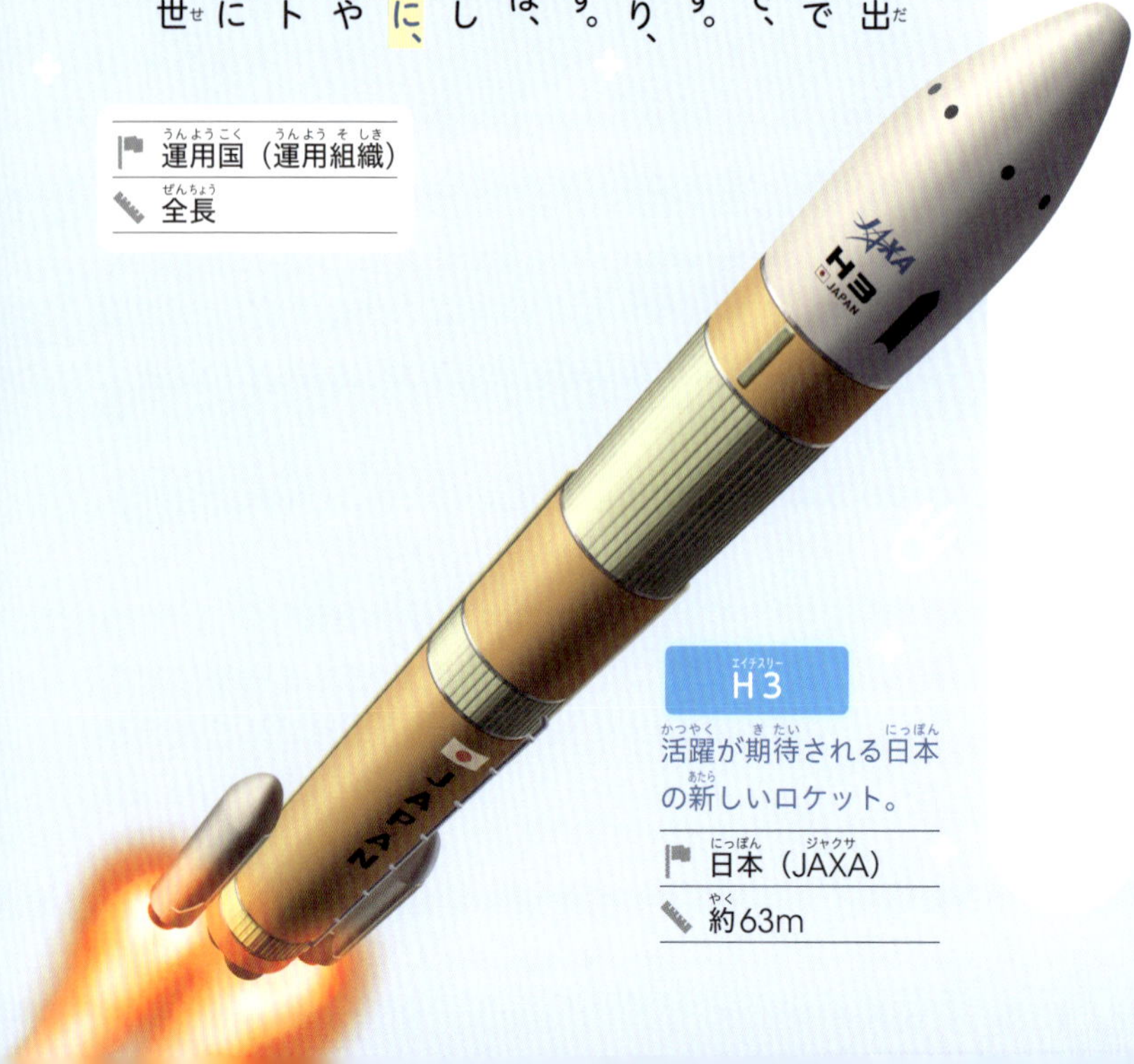

H3《エイチスリー》

活躍《かつやく》が期待《きたい》される日本《にっぽん》の新《あたら》しいロケット。

日本《にっぽん》（JAXA《ジャクサ》）

約《やく》63m

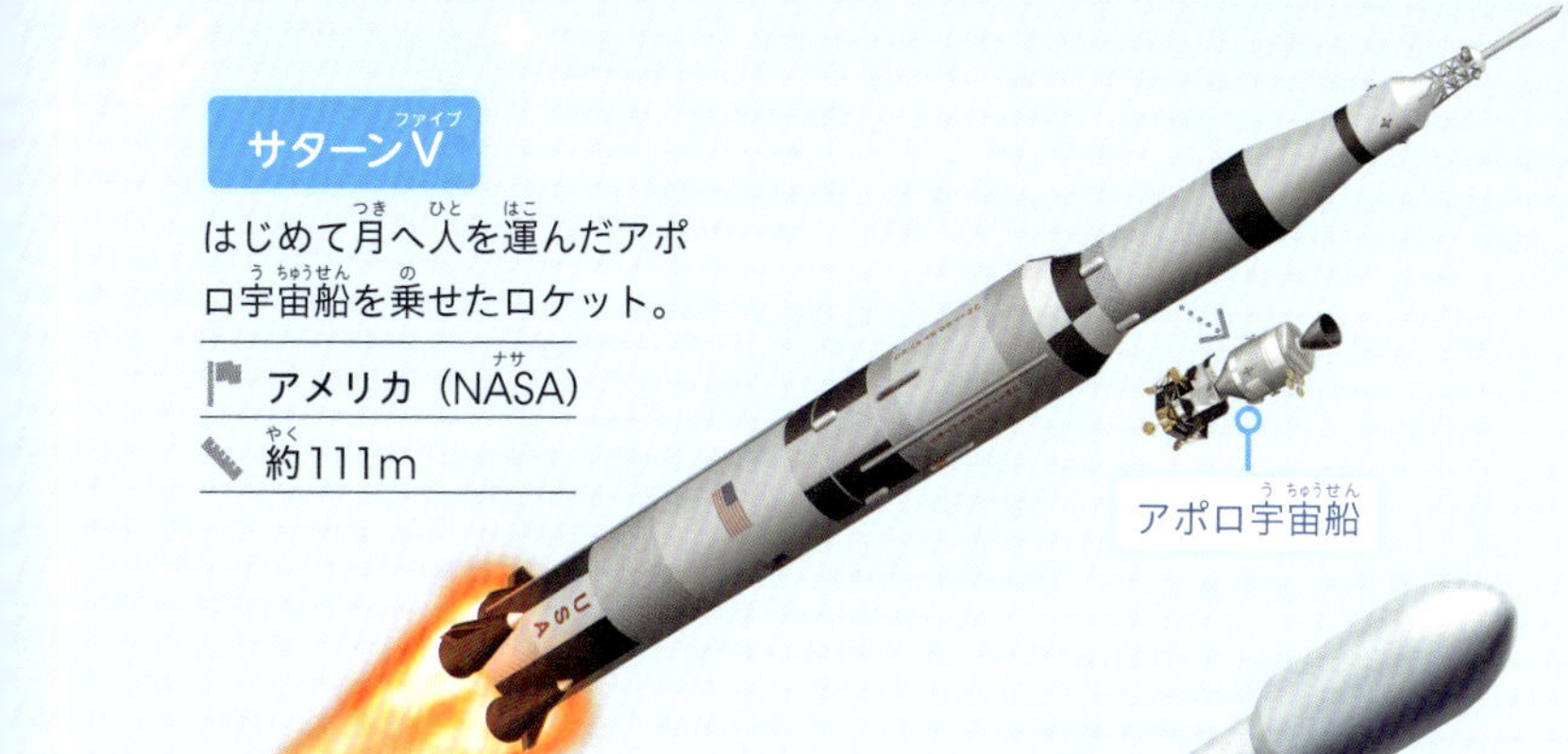

サターンV《ファイブ》

はじめて月《つき》へ人《ひと》を運《はこ》んだアポロ宇宙船《うちゅうせん》を乗《の》せたロケット。

アメリカ（NASA《ナサ》）

約《やく》111m

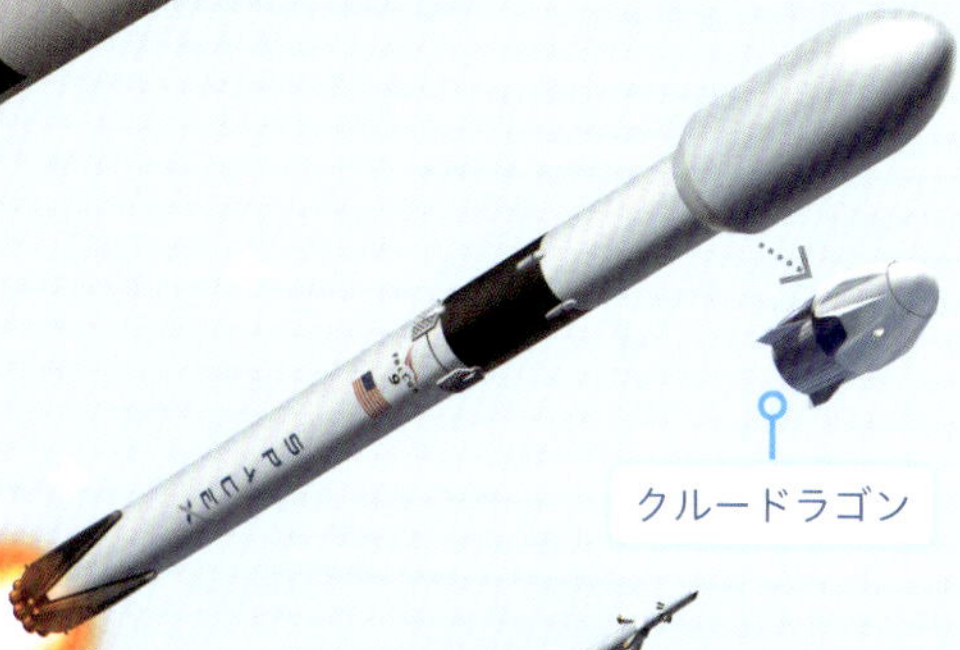

ファルコン9《ナイン》

宇宙船《うちゅうせん》クルードラゴンに宇宙飛行士《うちゅうひこうし》を乗《の》せて、ISS《アイエスエス》と往復《おうふく》している。

アメリカ（スペースX《エックス》）

約《やく》70m

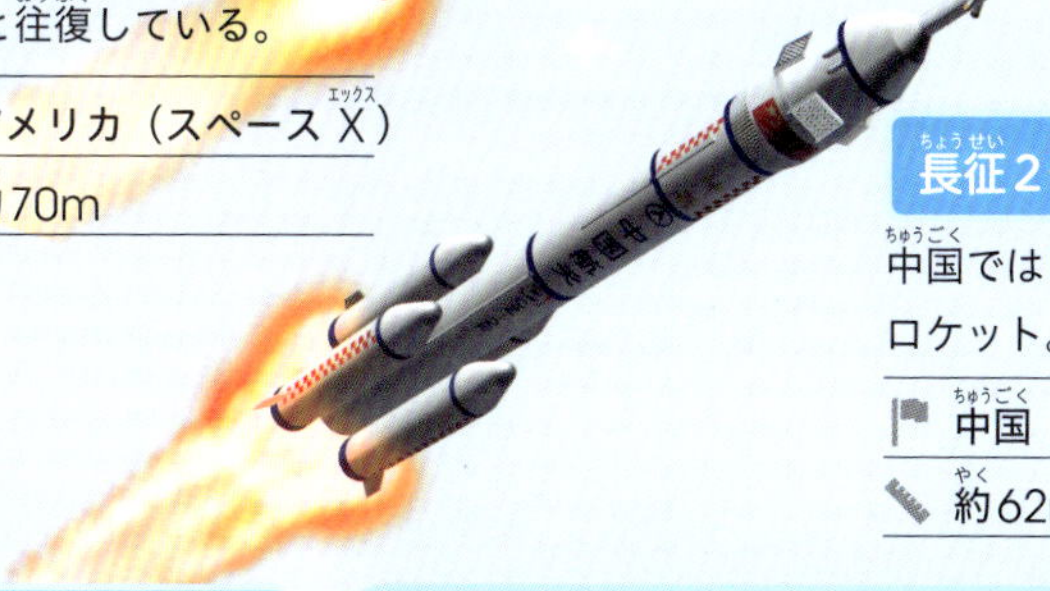

長征《ちょうせい》2号《ごう》F《エフ》

中国《ちゅうごく》ではじめての有人《ゆうじん》ロケット。

中国《ちゅうごく》（CNSA《シーエヌエスエー》）

約《やく》62m

地上《ちじょう》に帰《かえ》ってくるロケット!?

スペースX《エックス》社《しゃ》は、ロケットの再利用《さいりよう》を進《すす》めているよ。写真《しゃしん》は、打《う》ち上《あ》げのあとに地上《ちじょう》にもどってきた「ファルコン・ヘビー」の2本《ほん》の第《だい》1段《だん》ブースター。

4本《ほん》あしで着地《ちゃくち》!

どんなおしごと？

未来《みらい》につなげたい

ロケットエンジニア

中山聡
なかやま さとし

インターステラテクノロジズ　取締役《とりしまりやく》
VP《ブイピー》 of《オブ》 Launch《ローンチ》 Vehicle《ビークル》

インターステラテクノロジズ株式会社《かぶしきがいしゃ》のロケット「ZERO《ゼロ》」開発《かいはつ》のリーダー。

世界《せかい》で選《えら》ばれるロケットをつくる

世界《せかい》にはいろいろなロケットがあります。アメリカでは、スペースX《エックス》という会社《かいしゃ》が世界中《せかいじゅう》の人工衛星《じんこうえいせい》をのせたロケットを、ひんぱんに打《う》ち上《あ》げています。宇宙《うちゅう》に人《ひと》や物《もの》を安《やす》く、確実《かくじつ》に運《はこ》べるロケットとして人気《にんき》を集《あつ》めているのです。

その様子《ようす》を見《み》て、ぼくは「日本《にっぽん》にも新《あたら》しい発想《はっそう》でロケットをつくる会社《かいしゃ》が必要《ひつよう》だ！」と思《おも》いました。日本《にっぽん》には確実《かくじつ》に人工衛星《じんこうえいせい》を打《う》ち上《あ》げられる国《くに》のロケットはありますが、他国《たこく》とくらべて安《やす》くはありません。世界《せかい》の人《ひと》たちが自分《じぶん》たちの人工衛星《じんこうえいせい》をどのロケットで打《う》ち上《あ》げようかと考《かんが》えたとき、このままでは日本《にっぽん》のロケットは選《えら》ばれなくなるのではないか。子《こ》どもたちの世代《せだい》に日本《にっぽん》のロケットを引《ひ》きつげるだろうか、と危機感《ききかん》を覚《おぼ》えました。

そのとき、ぼくはある会社《かいしゃ》でロケットに使《つか》われるセンサーの開発《かいはつ》をしていました。そのセンサー

日本《にっぽん》のロケットを

はロケットが飛行中《ひこうちゅう》に自分《じぶん》の位置《いち》や速度《そくど》をはかるもので、ＪＡＸＡ《ジャクサ》のロケットに搭載《とうさい》されています。ぼくは打《う》ち上《あ》げのときは毎回《まいかい》、種子島《たねがしま》宇宙《うちゅう》センターの発射管制棟《はっしゃかんせいとう》に入《はい》り、センサーから送《おく》られてくるデータをドキドキしながら見《み》ていました。センサーの責任者《せきにんしゃ》になって、何度《なんど》もロケット打《う》ち上《あ》げを見届《みとど》け、自分《じぶん》のしごとをやり切《き》ったと感《かん》じました。今度《こんど》は、新《あたら》しい民間《みんかん》ロケットをつくる会社《かいしゃ》に入《はい》って、自分《じぶん》の経験《けいけん》を役立《やくだ》てたいと思《おも》ったのです。

そしていま、仲間《なかま》たちといっしょに安《やす》くてひんぱんに打《う》ち上《あ》げられるロケット「ＺＥＲＯ《ゼロ》」を開発《かいはつ》しています。世界《せかい》には大《おお》きな人工衛星《じんこうえいせい》だけでなく、小《ちい》さな人工衛星《じんこうえいせい》を打《う》ち上《あ》げたい人《ひと》もたくさんいます。その人《ひと》たちの希望《きぼう》に合《あ》わせて、小《ちい》さな衛星《えいせい》を安《やす》く確実《かくじつ》に打《う》ち上《あ》げられるロケットを目指《めざ》しています。

仲間《なかま》といっしょに宇宙《うちゅう》を目指《めざ》す

「ロケットをつくる」と聞《き》くとむずかしいと思《おも》うかもしれません。でも、宇宙《うちゅう》や航空《こうくう》にくわしくない人《ひと》にも活躍《かつやく》の場《ば》があります。ぼくたちのロケット開発《かいはつ》では、さまざまな分野《ぶんや》のプロがたくさん働《はたら》いています。自動車《じどうしゃ》のものづくりのプロ、ソフトウェアのプロ、電気《でんき》のプロなどです。ぼくはロケット開発《かいはつ》は「ものづくりの総合格闘技《そうごうかくとうぎ》」だと思《おも》っています。それぞれ分野《ぶんや》はちがいますが、みんなで力《ちから》を出《だ》し合《あ》って新《あたら》しいロケットをつくり上《あ》げていく。仲間《なかま》が成長《せいちょう》しているのを見《み》ることが、一番《いちばん》の喜《よろこ》びです。ぼくは小《ちい》さいころはあまり勉強《べんきょう》せず、遊《あそ》んでばかりいる子《こ》どもだったけれど、スペースシャトルの打《う》ち上《あ》げを見《み》て感動《かんどう》し、いつしかロケットづくりに挑戦《ちょうせん》するようになりました。

宇宙産業《うちゅうさんぎょう》はこれからどんどん発展《はってん》します。みなさんが大《おお》きくなるころには月《つき》に定期便《ていきびん》が出《で》ているでしょうし、火星《かせい》に人《ひと》が行《い》っているかもしれません。ぜひ、ぼくたちの仲間《なかま》に入《はい》ってきてください。いっしょに新《あたら》しいロケットをつくりましょう。

くらしをささえる「科学《かがく》の目《め》」

人工衛星《じんこうえいせい》エンジニア

地球《ちきゅう》のまわりにはたくさんの人工衛星《じんこうえいせい》がまわっていて、私《わたし》たちの生活《せいかつ》に役立《やくだ》てられています。人工衛星《じんこうえいせい》を開発《かいはつ》するのが人工衛星《じんこうえいせい》エンジニアです。

人工衛星《じんこうえいせい》は**バスぐらいの大《おお》きさの大型衛星《おおがたえいせい》**と、**人《ひと》がもてるダンボールくらいの大《おお》きさの小型衛星《こがたえいせい》**に大《おお》きく分《わ》かれます。大《おお》きな衛星《えいせい》は、大型《おおがた》の望遠鏡《ぼうえんきょう》や、たくさんの人《ひと》と同時《どうじ》に通信《つうしん》できる大《おお》きなアンテナなどを積《つ》んでいます。故障《こしょう》したときにそなえて予備《よび》の装置《そうち》も積《つ》むため大《おお》きくなります。高《たか》い性能《せいのう》と長《なが》い寿命《じゅみょう》をもち、たくさんのしごとができるのが特徴《とくちょう》です。

いっぽう、電子部品《でんしぶひん》などが小型《こがた》・高性能《こうせいのう》になったことで、小《ちい》さな人工衛星《じんこうえいせい》をつくることが可能《かのう》になりました。目的《もくてき》をしぼった小型衛星《こがたえいせい》をたくさん飛《と》ばす

この人《ひと》に聞《き》きました！ アークエッジ・スペース 髙橋亮平《たかはしりょうへい》さん

何十機《なんじっき》もの超小型衛星《ちょうこがたえいせい》を打《う》ち上《あ》げてチームで動《うご》かすことを「コンステレーション」といいます。

超小型人工衛星《ちょうこがたじんこうえいせい》の組《く》み立《た》ての様子《ようす》。

ことで、地球《ちきゅう》をひんぱんに観測《かんそく》でき、ひとつの衛星《えいせい》の調子《ちょうし》が悪《わる》くなってもほかの衛星《えいせい》がおぎなうことができます。安《やす》く早《はや》くつくることができるのが特長《とくちょう》で、さまざまなビジネスで注目《ちゅうもく》されています。**超小型《ちょうこがた》の衛星《えいせい》は全国《ぜんこく》の学生《がくせい》たちもつくっています**。災害時《さいがいじ》は、大型衛星《おおがたえいせい》と小型衛星《こがたえいせい》が協力《きょうりょく》して地球《ちきゅう》を観測《かんそく》します。

人工衛星《じんこうえいせい》エンジニアは大《おお》きく3つに分《わ》けられます。**システムズエンジニア**は人工衛星《じんこうえいせい》の目的《もくてき》を達成《たっせい》するためにどんな機器《きき》を積《つ》み、どう動《うご》かすかを決《き》める人《ひと》で、オーケストラの指揮者《しきしゃ》に当《あ》たります。その決定《けってい》にしたがって物《もの》をつくるのが**ハードウェアエンジニア**。衛星《えいせい》の構造《こうぞう》や電気基板《でんききばん》などを設計《せっけい》・開発《かいはつ》します。**ソフトウェアエンジニア**はハードを実際《じっさい》に動《うご》かすためのプログラムをつくる人《ひと》。カメラで撮影《さつえい》したデータを全部《ぜんぶ》ためると膨大《ぼうだい》になるので、撮《と》りたいものだけ撮《と》るなどくふうします。超小型衛星《ちょうこがたえいせい》に積《つ》める機器《きき》はかぎられるだけに、知恵《ちえ》とくふうが勝負《しょうぶ》です。

この人《ひと》に聞《き》きました!

アークエッジ・スペース
髙橋亮平《たかはしりょうへい》さん

超小型衛星《ちょうこがたえいせい》は、いろいろな機械《きかい》を積《つ》みこむとすぐにあふれてしまうのがむずかしいところです。

人《じん》工《こう》衛《えい》星《せい》を使《つか》うおしごと

人工衛星《じんこうえいせい》を使《つか》うおしごとは、どんどん広《ひろ》がっています。たとえば気象衛星《きしょうえいせい》から送《おく》られてくる雲《くも》の情報《じょうほう》などから、天気《てんき》を予報《よほう》する気象予報士《きしょうよほうし》。私《わたし》たちが毎《まい》日《にち》食《た》べるお米《こめ》をつくる農家《のうか》さんも人工衛星《じんこうえいせい》を使《つか》っています。広《ひろ》い田《た》んぼを宇宙《うちゅう》から観測《かんそく》し、稲《いね》が育《そだ》っている様子《ようす》がわかります。農家《のうか》さんの勘《かん》に頼《たよ》っていた肥料《ひりょう》の量《りょう》を、人工衛星《じんこうえいせい》のデータを活用《かつよう》して減《へ》らせます。また、測位衛星《そくいえいせい》を使《つか》って田植《たう》え機《き》を無人《むじん》で走《はし》らせることで、人手不足《ひとでぶそく》を解決《かいけつ》できます。

お魚《さかな》もときどき食《た》べますよね。漁師《りょうし》さんが広《ひろ》い海《うみ》のどこに魚《さかな》がいるのかを探《さが》すとき、人工衛星《じんこうえいせい》データを活用《かつよう》できます。たとえば参考《さんこう》になるのが水温《すいおん》。魚《さかな》の種類《しゅるい》によって好《この》む水温《すいおん》がちがい、たとえばカツオ

漁《りょう》ならカツオが好《この》む水温《すいおん》やえさになる植物《しょくぶつ》プランクトンが多《おお》い場所《ばしょ》を、人工衛星《じんこうえいせい》のデータから知《し》ることができます。そこへ船《ふね》を走《はし》らせることで、効率《こうりつ》よく魚《さかな》をとり燃料《ねんりょう》を減《へ》らせます。最近《さいきん》は飛行機《ひこうき》や船《ふね》でも、インターネットが使《つか》えるようになりました。それは通信衛星《つうしんえいせい》のおかげです。飛行機《ひこうき》や船《ふね》が地球《ちきゅう》のどこにいても通信《つうしん》ができます。ほかにも、車《くるま》メーカーはカーナビや自動運転《じどううんてん》に人工衛星《じんこうえいせい》を使《つか》っていますし、意《い》外《がい》なところではスポーツ選手《せんしゅ》も衛星《えいせい》を使《つか》っているのです！　ラグビー選手《せんしゅ》やサッカー選手《せんしゅ》が走《はし》るスピードや距離《きょり》、加速度《かそくど》などを衛星《えいせい》から計測《けいそく》できます。そのデータを分析《ぶんせき》し、トレーニングなどに活用《かつよう》することで、選手《せんしゅ》のけがを減《へ》らすことに役立《やくだ》てています。

人工衛星《じんこうえいせい》を使《つか》うには、膨大《ぼうだい》なデータから必要《ひつよう》な情《じょう》報《ほう》をとり出《だ》さないといけません。そんなしごとをするデータサイエンティストや、使《つか》いやすい形《かたち》にするアプリ開発者《かいはつしゃ》も活躍《かつやく》しています。

人《じん》工《こう》衛《えい》星《せい》大《だい》図《ず》鑑《かん》

世界《せかい》で最初《さいしょ》の人工衛星《じんこうえいせい》が誕生《たんじょう》したのは1957年《ねん》10月《がつ》4日《か》。「スプートニク」という直径《ちょっけい》58㎝の小《ちい》さな球形《きゅうけい》の人工衛星《じんこうえいせい》で、ソビエト連邦《れんぽう》（いまのロシア）が打《う》ち上《あ》げました。2023年《ねん》には年間約《ねんかんやく》3000個《こ》もの衛星《えいせい》が打《う》ち上《あ》げられています。

人工衛星《じんこうえいせい》にはいろいろな種類《しゅるい》があります。たとえば毎日《まいにち》の天気予報《てんきよほう》に使《つか》われる気象衛星《きしょうえいせい》、カーナビや自動運転《じどううんてん》に使《つか》われる測位衛星《そくいえいせい》。飛行機《ひこうき》や船《ふね》のなかでインターネットができるようにする通信衛星《つうしんえいせい》、地球《ちきゅう》環境《かんきょう》の変化《へんか》を見守《みまも》り、災害《さいがい》が起《お》こったときに緊急観測《きんきゅうかんそく》を行《おこな》う地球観測衛星《ちきゅうかんそくえいせい》などがあります。地球《ちきゅう》の周囲《しゅうい》をまわりながら、私《わたし》たちのくらしを見守《みまも》り、便利《べんり》にしてくれています。

「しきさい」が観測《かんそく》した地面《じめん》や海面《かいめん》の温度《おんど》をしめすデータ。都市《とし》のあたりは温度《おんど》が高《たか》くなっている。

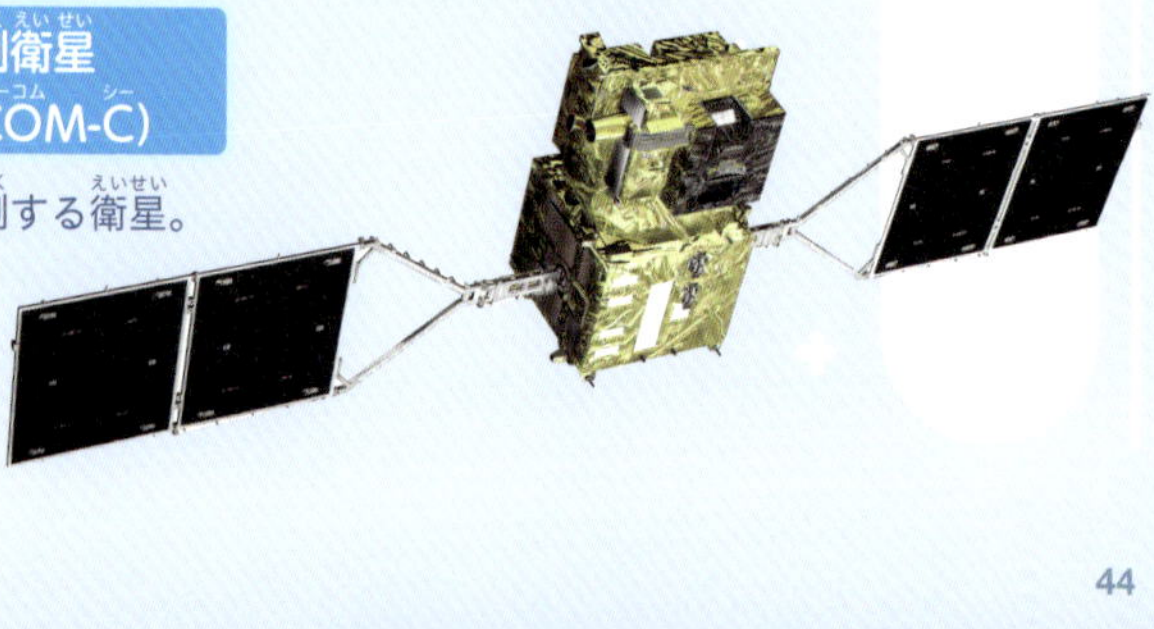

気候変動観測衛星《きこうへんどうかんそくえいせい》
「しきさい」(GCOM-C《ジーコム シー》)

地球《ちきゅう》の気候変動《きこうへんどう》を観測《かんそく》する衛星《えいせい》。

日本《にっぽん》（JAXA《ジャクサ》）

2017年《ねん》〜

凡例:
運用国《うんようこく》（運用組織《うんようそしき》）
運用期間《うんようきかん》

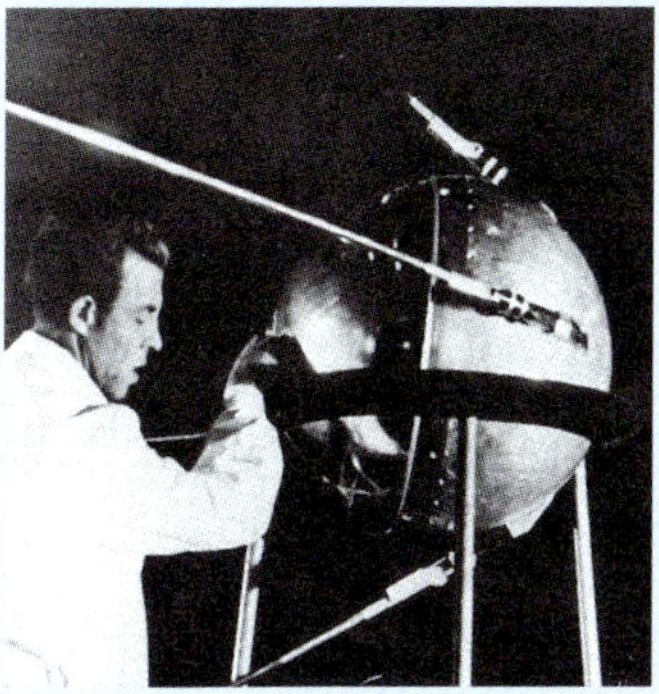

スプートニク1号《ごう》

人類史上初《じんるいしじょうはつ》の人工衛星《じんこうえいせい》。

ソビエト連邦《れんぽう》（いまのロシア）
1957年《ねん》

先進《せんしん》レーダ衛星《えいせい》「だいち4号《ごう》」(ALOS-4《エーロスフォー》)

火山《かざん》の活動《かつどう》、地震《じしん》、洪水《こうずい》、台風《たいふう》といった災害《さいがい》の状況《じょうきょう》や、森林《しんりん》の減少《げんしょう》など地球環境《ちきゅうかんきょう》の変化《へんか》を観測《かんそく》する衛星《えいせい》。

日本《にっぽん》（JAXA《ジャクサ》）
2024年《ねん》～

準天頂軌道衛星《じゅんてんちょうきどうえいせい》「みちびき」(4号機《ごうき》)

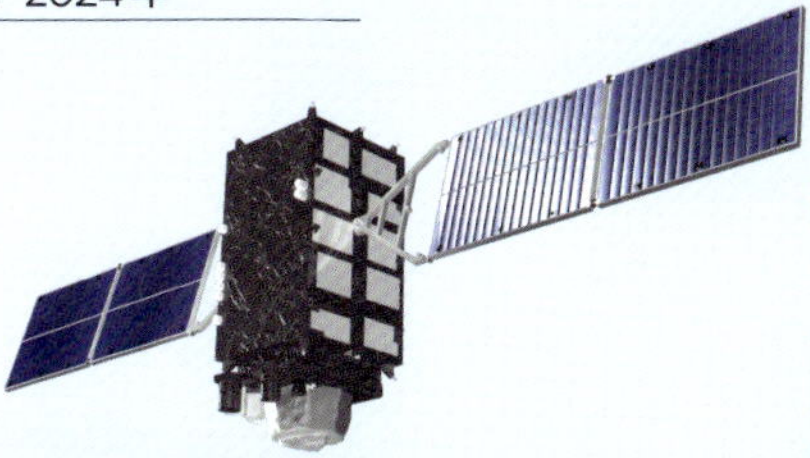

現在《げんざい》は4機体制《きたいせい》の測位衛星《そくいえいせい》。11機体制《きたいせい》を目指《めざ》しているよ。

日本《にっぽん》（内閣府《ないかくふ》）
2017年《ねん》～

夜空《よぞら》を走《はし》る列車《れっしゃ》？

人工衛星《じんこうえいせい》は地上《ちじょう》から見《み》えることもあるよ。スペースX《エックス》社《しゃ》の「スターリンク」は、何千機《なんぜんき》もの小型衛星《こがたえいせい》がチームになってインターネット通信《つうしん》を提供《ていきょう》するしくみ。小型衛星《こがたえいせい》たちが列《れつ》になって夜空《よぞら》を横切《よこぎ》る様子《ようす》（写真下《しゃしんした》のほう）は、「スタートレイン（星《ほし》の列車《れっしゃ》）」とよばれ、その光《ひかり》は天文学《てんもんがく》で問題《もんだい》になっているんだ。

ふつうの星《ほし》とはちがった動《うご》き！

人工衛星《じんこうえいせい》は見《み》たことのない景色《けしき》を見《み》せてくれる

人工衛星《じんこうえいせい》エンジニア

髙橋亮平

たかはし りょうへい

アークエッジ・スペース
取締役《とりしまりやく》CTO《シーティーオー》

船《ふね》と船《ふね》の通信《つうしん》や、農業《のうぎょう》、漁業《ぎょぎょう》に役立《やくだ》つ超小型人工衛星《ちょうこがたじんこうえいせい》を開発《かいはつ》している。

自分《じぶん》が学生時代《がくせいじだい》につくった超小型衛星《ちょうこがたえいせい》「エクレウス」が月《つき》のうら側《がわ》で撮《と》った写真《しゃしん》を見《み》たとき、その美《うつく》しさに「これはシミュレーション？」とおどろきました。「エクレウス」は机《つくえ》の引《ひ》き出《だ》しほどのとても小《ちい》さな衛星《えいせい》なのに、だれも見《み》たことのない景色《けしき》を見《み》せてくれた。人工衛星《じんこうえいせい》を開発《かいはつ》する醍醐味《だいごみ》です。

ぼくたちは超小型《ちょうこがた》の人工衛星《じんこうえいせい》を開発《かいはつ》しています。彗星《すいせい》を観測《かんそく》したり、火山《かざん》に置《お》いたセンサーの情報《じょうほう》をひろって噴火《ふんか》の兆候《ちょうこう》があれば住民《じゅうみん》に知《し》らせたり、遠《とお》くはなれた船《ふね》と船《ふね》が通信《つうしん》できるようにして船《ふね》から落《お》ちてしまった人《ひと》の救助活動《きゅうじょかつどう》に役立《やくだ》てたりなど、科学探査《かがくたんさ》や人《ひと》の役《やく》に立《た》つしごとができます。

小《ちい》さいころはポケモンの映画《えいが》が好《す》きで旅人《たびびと》にあこがれていました。それから、地球温暖化《ちきゅうおんだんか》を伝《つた》える映像《えいぞう》を見《み》て、温暖化問題《おんだんかもんだい》を解決《かいけつ》する科学者《かがくしゃ》になりたいとも考《かんが》えました。いま、自分《じぶん》が開発《かいはつ》した人工衛星《じんこうえいせい》が世界中《せかいじゅう》を旅《たび》して見《み》たことのない景色《けしき》を見《み》せてくれるし、地球環境問題《ちきゅうかんきょうもんだい》の解決《かいけつ》にも貢献《こうけん》できる。小《ちい》さいころに思《おも》ったのとはちがう方法《ほうほう》で夢《ゆめ》がかなったと思《おも》っています。

アフリカのルワンダで自分《じぶん》の使命《しめい》を見《み》つけた

人工衛星《じんこうえいせい》を使《つか》うおしごと

坪井俊輔

つぼい しゅんすけ

サグリ代表取締役《だいひょうとりしまりやく》CEO《シーイーオー》

衛星《えいせい》データを農業《のうぎょう》に役立《やくだ》てるサグリ株式会社《かぶしきがいしゃ》や、宇宙《うちゅう》の授業《じゅぎょう》を行《おこな》う株式会社《かぶしきがいしゃ》うちゅうをつくった。

世界中《せかいじゅう》の農業《のうぎょう》の問題《もんだい》を解決《かいけつ》するためにしごとをしています。たとえば人工衛星《じんこうえいせい》データとAI《エーアイ》を組《く》み合《あ》わせて稲《いね》の育《そだ》つ様子《ようす》や水田《すいでん》の土《つち》の状態《じょうたい》を調《しら》べ、肥料《ひりょう》をどのくらいまけばいいかがわかるアプリを開発《かいはつ》。アプリを使《つか》った農家《のうか》さんは肥料《ひりょう》を2割減《わりへ》らせています。

きっかけは、アフリカのルワンダの子《こ》どもたち。私《わたし》は大学生《だいがくせい》のときに教育活動《きょういくかつどう》でルワンダをおとずれ、子《こ》どもたちの夢《ゆめ》を聞《き》きました。すると一人《ひとり》ひとり夢《ゆめ》があるのに、家《いえ》の農業《のうぎょう》を手伝《てつだ》うために学校《がっこう》に行《い》けないと言《い》うのです。ルワンダの農業《のうぎょう》は新《あたら》しい技術《ぎじゅつ》を使《つか》わず、人《ひと》手《で》に頼《たよ》っていました。子《こ》どもたちが自分《じぶん》の夢《ゆめ》を追《お》えるよう「農業《のうぎょう》をなんとかしたい」と考《かんが》え、目《め》をつけたのが、無料《むりょう》で使《つか》える人工衛星《じんこうえいせい》のデータ。衛星《えいせい》を使《つか》って、農《のう》業《ぎょう》の現場《げんば》をよくするため会社《かいしゃ》をつくりました。未来《みらい》の子《こ》どもたちのために地球《ちきゅう》の課題《かだい》を解決《かいけつ》したい。絶対《ぜったい》に成《な》しとげる覚悟《かくご》で続《つづ》けています。アプリを使《つか》った人《ひと》たちから感謝《かんしゃ》され、農業《のうぎょう》が変《か》わっていく現場《げんば》を見《み》るとやりがいを感《かん》じます。みなさんも社会《しゃかい》でなにが問題《もんだい》になっているか目《め》を向《む》けて、信《しん》じる道《みち》に進《すす》んでほしいです。

遠《とお》い宇宙《うちゅう》を探検《たんけん》!

宇宙探査《うちゅうたんさ》チーム

宇宙探査機《うちゅうたんさき》は人間《にんげん》が行《い》けないような遠《とお》くの天体《てんたい》に行《い》き、その天体《てんたい》をくわしく調《しら》べて、新《あたら》しい発見《はっけん》をすることを目標《もくひょう》にしています。だれも行《い》ったことがない場所《ばしょ》で、新発見《しんはっけん》ができる探査機《たんさき》をつくるには、たくさんの人《ひと》が力《ちから》を合《あ》わせることが必要《ひつよう》です。2014年《ねん》12月《がつ》に飛《と》び立《た》った小惑星探査機《しょうわくせいたんさき》「はやぶさ2《ツー》」は、小惑星《しょうわくせい》リュウグウを調《しら》べることで、太陽系《たいようけい》や生命《せいめい》がどうやってできたかを探《さぐ》ることを目的《もくてき》としていました。どんな方法《ほうほう》で、その目的《もくてき》を達成《たっせい》したのでしょう？

まず、「はやぶさ2《ツー》」になにをしてもらうか、科《か》学者《がくしゃ》とエンジニアが相談《そうだん》します。小惑星《しょうわくせい》リュウグウには生命《せいめい》のからだをつくるもとになる物質《ぶっしつ》や水《みず》があるとされています。リュウグウの砂《すな》をくわしく調《しら》べ

この人《ひと》に聞《き》きました!

JAXA《ジャクサ》
津田雄一《つだゆういち》さん

科学《かがく》チームは、惑星科学《わくせいかがく》や地質学《ちしつがく》、いん石学《せきがく》などを研究《けんきゅう》しています。

はやぶさ2《ツー》が持《も》ち帰《かえ》ったリュウグウの砂《すな》つぶ。生命《せいめい》にとって重要《じゅうよう》な水《みず》やアミノ酸《さん》がふくまれることがわかった。

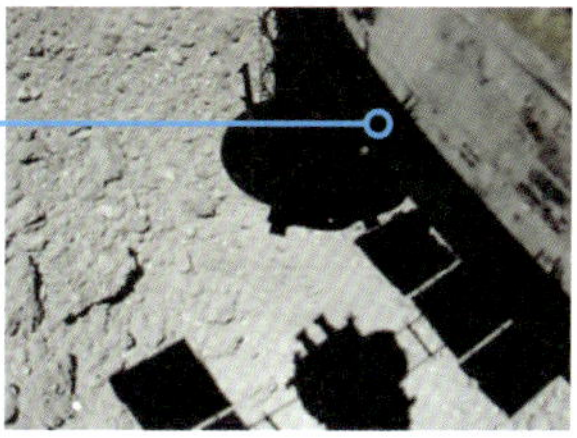

リュウグウに着地《ちゃくち》する瞬間《しゅんかん》のはやぶさ2《ツー》。

れば、太陽系《たいようけい》や生命《せいめい》の成《な》り立《た》ちがよくわかるにちがいない、と科学者《かがくしゃ》は考《かんが》えました。

リュウグウのどこでどうやって砂《すな》をとるのか。エンジニアはある方法《ほうほう》を提案《ていあん》しました。リュウグウに「はやぶさ2《ツー》」から金属《きんぞく》のかたまりをぶつけて大《おお》きな穴《あな》（人工《じんこう》クレーター）をつくり、地下《ちか》の砂《すな》をとる方法《ほうほう》です。地下《ちか》の砂《すな》は、太陽系《たいようけい》が生《う》まれたころの状《じょう》態《たい》をとどめている「太陽系《たいようけい》の化石《かせき》」のような貴重《きちょう》な試料《しりょう》です。こうして「はやぶさ2《ツー》」は世界《せかい》ではじめて小惑星《しょうわくせい》に人工《じんこう》クレーターをつくり、地下《ちか》の砂《すな》を持《も》ち帰《かえ》ることに成功《せいこう》。科学者《かがくしゃ》、エンジニアのほかにも探査機《たんさき》に指令《しれい》を送《おく》るチーム、持《も》ち帰《かえ》った砂《すな》を調《しら》べるチームなどたくさんの人《ひと》の努力《どりょく》が実《みの》りました。

宇宙探査機《うちゅうたんさき》には、さまざまな技術《ぎじゅつ》や知識《ちしき》が必要《ひつよう》。ある分野《ぶんや》でだれにも負《ま》けない専門知識《せんもんちしき》をもつこと、仲間《なかま》といっしょに問題《もんだい》を解決《かいけつ》する力《ちから》、そして目標達《もくひょうたっ》成《せい》まで長《なが》いあいだ努力《どりょく》する忍耐力《にんたいりょく》が求《もと》められます。

この人《ひと》に聞《き》きました！ JAXA《ジャクサ》 津田雄一《つだゆういち》さん

運営《うんえい》チームは、開発工程《かいはつこうてい》やお金《かね》の管理《かんり》、海外《かいがい》との交渉《こうしょう》、広報《こうほう》などを担当《たんとう》します。

宇宙探査機《うちゅうたんさき》は、一《ひと》つひとつ目的地《もくてきち》も任務《にんむ》もちがいます。火星《かせい》ローバー（探査車《たんさしゃ》）のように、地表《ちひょう》を移動《いどう》しながら調《しら》べる「移動実験室《いどうじっけんしつ》」のようなものや、小惑星探査機《しょうわくせいたんさき》「はやぶさ2《ツー》」のように小惑星《しょうわくせい》に着地《ちゃくち》して砂《すな》をとり、地球《ちきゅう》に持《も》ち帰《かえ》る探査機《たんさき》もあります。太陽系《たいようけい》のすべての惑星《わくせい》に探査機《たんさき》がおとずれましたが、惑星《わくせい》の衛星《えいせい》もふくめると、まだおとずれていない天体《てんたい》もあります。たとえば土星《どせい》や木星《もくせい》のまわりには生命《せいめい》がいるかもしれないと考《かんが》えられている衛星《えいせい》があります。いつか探査機《たんさき》がおとずれ、くわしく調《しら》べるでしょう。惑星探査機《わくせいたんさき》ボイジャーは木星《もくせい》、土星《どせい》、海王星《かいおうせい》などいくつもの惑星《わくせい》や衛星《えいせい》を調《しら》べたあと、太陽系《たいようけい》の外《そと》に出《で》ようとしています。

運用国《うんようこく》（運用組織《うんようそしき》）
運用期間《うんようきかん》

パーサヴィアランス

火星《かせい》にあった湖《みずうみ》のあとを調査《ちょうさ》する探査機《たんさき》。生命《せいめい》のこんせきを探《さが》している。

アメリカ（NASA《ナサ》）
2020年《ねん》〜

リュウグウ

はやぶさ2《ツー》

太陽系《たいようけい》と生命《せいめい》の起源《きげん》を探《さぐ》るため、小惑星《しょうわくせい》「リュウグウ」の砂《すな》つぶを持《も》ち帰《かえ》った。

日本《にっぽん》（JAXA《ジャクサ》）

2014年《ねん》〜

火星衛星探査計画《かせいえいせいたんさけいかく》 MMX《エムエムエックス》

火星《かせい》の衛星《えいせい》「フォボス」の砂《すな》つぶを持《も》ち帰《かえ》って、その起源《きげん》を探《さぐ》ろうとしている。

日本《にっぽん》(JAXA《ジャクサ》)、
ヨーロッパ(ESA《イーサ》)、
アメリカ(NASA《ナサ》)など

2026年《ねん》〜

ボイジャー1号《ごう》

地球《ちきゅう》から約《やく》240億《おく》km以上《いじょう》はなれた「深宇宙《しんうちゅう》」を飛《と》んでいる。

アメリカ(NASA《ナサ》) 1977年《ねん》〜

JUICE《ジュース》

海《うみ》があり、地球外生命《ちきゅうがいせいめい》がいるかもしれないといわれている木星《もくせい》の氷衛星《こおりえいせい》を目指《めざ》している。

ヨーロッパ(ESA《イーサ》)、日本《にっぽん》(JAXA《ジャクサ》)など

2023年《ねん》〜

どんなおしごと？

ぼくの分《ぶん》身《しん》だった

宇《う》宙《ちゅう》探《たん》査《さ》チーム

津田雄一

つだ ゆういち

JAXA《ジャクサ》宇《う》宙《ちゅう》科《か》学《がく》研《けん》究《きゅう》所《しょ》教《きょう》授《じゅ》

「はやぶさ2《ツー》」のプロジェクトマネージャ。リュウグウの砂《すな》つぶを持《も》ち帰《かえ》るミッションを成《せい》功《こう》させた。

着《ちゃく》陸《りく》寸《すん》前《ぜん》におとずれた大《だい》ピンチ

小《しょう》惑《わく》星《せい》探《たん》査《さ》機《き》「はやぶさ2《ツー》」で大《おお》きなピンチがありました。2018年《ねん》6月《がつ》末《まつ》、「はやぶさ2《ツー》」が約《やく》3億《おく》㎞はなれた小《しょう》惑《わく》星《せい》リュウグウに到《とう》着《ちゃく》したときのことです。はじめて見《み》たリュウグウは表《ひょう》面《めん》が岩《いわ》だらけ。「はやぶさ2《ツー》」が着《ちゃく》陸《りく》できそうな場《ば》所《しょ》がどこにもなかったのです。

リュウグウは大《おお》きさが約《やく》900mしかなく、地《ち》球《きゅう》からどんなに大《おお》きな望《ぼう》遠《えん》鏡《きょう》で見《み》ても、表《ひょう》面《めん》の様《よう》子《す》はわかりません。これほどデコボコで、しかも1m以《い》上《じょう》の岩《いわ》がゴロゴロしているとは、チームのだれも想《そう》像《ぞう》していませんでした。

「はやぶさ2《ツー》」は100m×100mぐらいの広《ひろ》さがある平《へい》坦《たん》な場《ば》所《しょ》に着《ちゃく》地《ち》して砂《すな》をとる計《けい》画《かく》を立《た》てていましたが、リュウグウに到《とう》着《ちゃく》してはじめてそれがむずかしいことがわかり、悩《なや》みました。

でも、あきらめるわけにはいきません。ぼくら

「はやぶさ2《ツー》」は

は大急《おおいそ》ぎで新《あたら》しい着陸方法《ちゃくりくほうほう》を考《かんが》え出《だ》し、探査機《たんさき》のソフトウェアを書《か》きかえました。探査機《たんさき》は何度《なんど》も試験《しけん》をくり返《かえ》して安全性《あんぜんせい》をかくにんしてから打《う》ち上《あ》げるので、本来《ほんらい》はありえないことです。でもやるしかない。「はやぶさ2《ツー》」はリュウグウで何度《なんど》もリハーサルを行《おこな》いついに半径《はんけい》3mの場所《ばしょ》に着陸《ちゃくりく》成功《せいこう》！ そのとき、ぼくは宇宙《うちゅう》の遠《とお》くを見《み》る目《め》をもち、自分《じぶん》の手《て》を長《なが》くのばして、リュウグウの砂《すな》をさわった気《き》がしました。まるで「はやぶさ2《ツー》」が自分《じぶん》の分身《ぶんしん》のように感《かん》じたのです。ミッションで一番《いちばん》うれしい瞬間《しゅんかん》でした。

力《ちから》を合《あ》わせれば、すごいことができる

ぼくは工作《こうさく》をつくるのが好《す》きな子《こ》どもでした。宇《う》宙開発《ちゅうかいはつ》に興味《きょうみ》をもったのは小学生《しょうがくせい》のとき。NASA《ナサ》の宇宙《うちゅう》センターをおとずれたことがきっかけです。ロケット発射台《はっしゃだい》や組《く》み立《た》てしせつをバスでまわったとき、ものすごく大《おお》きなロケットの近《ちか》くで働《はたら》く人《ひと》が小《ちい》さく見《み》えました。「人間《にんげん》はちっぽけなのに、集《あつ》まるとこんなにすごいことができるんだ」と圧《あっ》倒《とう》されたのを覚《おぼ》えています。大学時代《だいがくじだい》には、てのひらに乗《の》るような超小型《ちょうこがた》の人工衛星《じんこうえいせい》を世界《せかい》で最初《さいしょ》に実現《じつげん》させました。人工衛星《じんこうえいせい》に必要《ひつよう》なすべての作《さ》業《ぎょう》を2年間《ねんかん》で行《おこな》った経験《けいけん》が、いまにつながっています。ぼくは「はやぶさ2《ツー》」の責任者《せきにんしゃ》をつとめましたが、宇宙《うちゅう》で起《お》こるさまざまな問題《もんだい》は、リーダーの力《ちから》だけで解決《かいけつ》することはできません。メンバーには「自分《じぶん》がおもしろいと考《かんが》えたことを、どんどんやって」と話《はな》しました。一人《ひとり》ひとりが自分《じぶん》で考《かんが》え、自分《じぶん》が立《た》てた目標《もくひょう》で力《ちから》を発揮《はっき》することで、大《おお》きな問題《もんだい》も乗《の》りこえられます。

宇宙探査《うちゅうたんさ》のみりょくは、行《い》ったことのない場所《ばしょ》に行《い》き、だれもやったことがないことをやれること。そしてそれが人類全体《じんるいぜんたい》の知識《ちしき》になるということ。むずかしいし、長《なが》い時間《じかん》がかかるので忍耐力《にんたいりょく》が必要《ひつよう》ですが、世界中《せかいじゅう》の仲間《なかま》と力《ちから》を合《あ》わせて実現《じつげん》できたときの喜《よろこ》びは、なによりも大《おお》きいです。

JAXA《ジャクサ》ってどんなところ？

宇宙《うちゅう》に興味《きょうみ》のある人《ひと》は、JAXA《ジャクサ》（宇宙航空研究開発機構《うちゅうこうくうけんきゅうかいはつきこう》）という名前《なまえ》を聞《き》いたことがあるかもしれません。JAXA《ジャクサ》は日本《にっぽん》の代表的《だいひょうてき》な宇宙《うちゅう》・航空《こうくう》の研究開発機関《けんきゅうかいはつきかん》です。約《やく》1600人《にん》の職員《しょくいん》がいて、ロケットや人工衛星《じんこうえいせい》、探査機《たんさき》を開発《かいはつ》・利用《りよう》したり、宇宙飛行士《うちゅうひこうし》の選抜《せんばつ》・訓練《くんれん》や国際宇宙《こくさいうちゅう》ステーションの実験棟《じっけんとう》「きぼう」で実験《じっけん》を行《おこな》ったりなど、さまざまな活動《かつどう》をしています。世界《せかい》の宇宙機関《うちゅうきかん》と協力《きょうりょく》しながら、平和《へいわ》な宇宙開発《うちゅうかいはつ》、宇宙利用《うちゅうりよう》を行《おこな》います。

JAXA《ジャクサ》の目的《もくてき》は、「宇宙《うちゅう》と空《そら》をいかし、安全《あんぜん》でゆたかな社会《しゃかい》をつくること」。つまり、宇宙《うちゅう》に行《い》くことだけではなく、宇宙《うちゅう》の技術《ぎじゅつ》や宇宙《うちゅう》でわかったことを、地球上《ちきゅうじょう》の私《わたし》たちの生活《せいかつ》に役立《やくだ》てることが大《おお》きな目的《もくてき》なのです。たとえば最近《さいきん》、地震《じしん》や台風《たいふう》がよく

JAXA《ジャクサ》筑波《つくば》宇宙《うちゅう》センターでは、宇宙飛行士養《うちゅうひこうしよう》成《せい》エリアなどの見学《けんがく》ツアーもあるよ。

起《お》こっていますね。JAXA《ジャクサ》は地震《じしん》が起《お》こると、すぐに人工衛星《じんこうえいせい》でその地域《ちいき》を観測《かんそく》します。データは、災害後《さいがいご》の救助《きゅうじょ》や復旧《ふっきゅう》などに役立《やくだ》てられます。

JAXA《ジャクサ》には技術者《ぎじゅつしゃ》が多《おお》くいますが、宇宙《うちゅう》や航空《こうくう》の分野《ぶんや》だけでなく、しせつや設備《せつび》、法律《ほうりつ》や医療《いりょう》の専門家《せんもんか》などさまざまな知識《ちしき》をもった人《ひと》が活躍《かつやく》しています。

事務系《じむけい》のしごとも重要《じゅうよう》です。たとえば海外《かいがい》の宇宙《うちゅう》機関《きかん》との協力《きょうりょく》を進《すす》めたり、企業《きぎょう》と契約《けいやく》をむすんだり。JAXA《ジャクサ》の活動《かつどう》を知《し》ってもらう広報活動《こうほうかつどう》や、宇宙《うちゅう》の知識《ちしき》を教育《きょういく》に役立《やくだ》ててもらうしごともあります。

これから世界《せかい》の国《くに》や企業《きぎょう》が協力《きょうりょく》し、人類《じんるい》は宇宙《うちゅう》に活動《かつどう》を広《ひろ》げていくでしょう。世《よ》の中《なか》のできごとに興味《きょうみ》をもち、宇宙《うちゅう》と関係《かんけい》なさそうな分野《ぶんや》をむすびつける。宇宙開発《うちゅうかいはつ》は人類《じんるい》の進歩《しんぽ》の先端《せんたん》に立《た》ち、新《あたら》しい発想《はっそう》で未来《みらい》を切《き》りひらく人《ひと》が活躍《かつやく》できる場《ば》です。

JAXA《ジャクサ》で働《はたら》く人《ひと》たち

※2024年時点《ねんじてん》

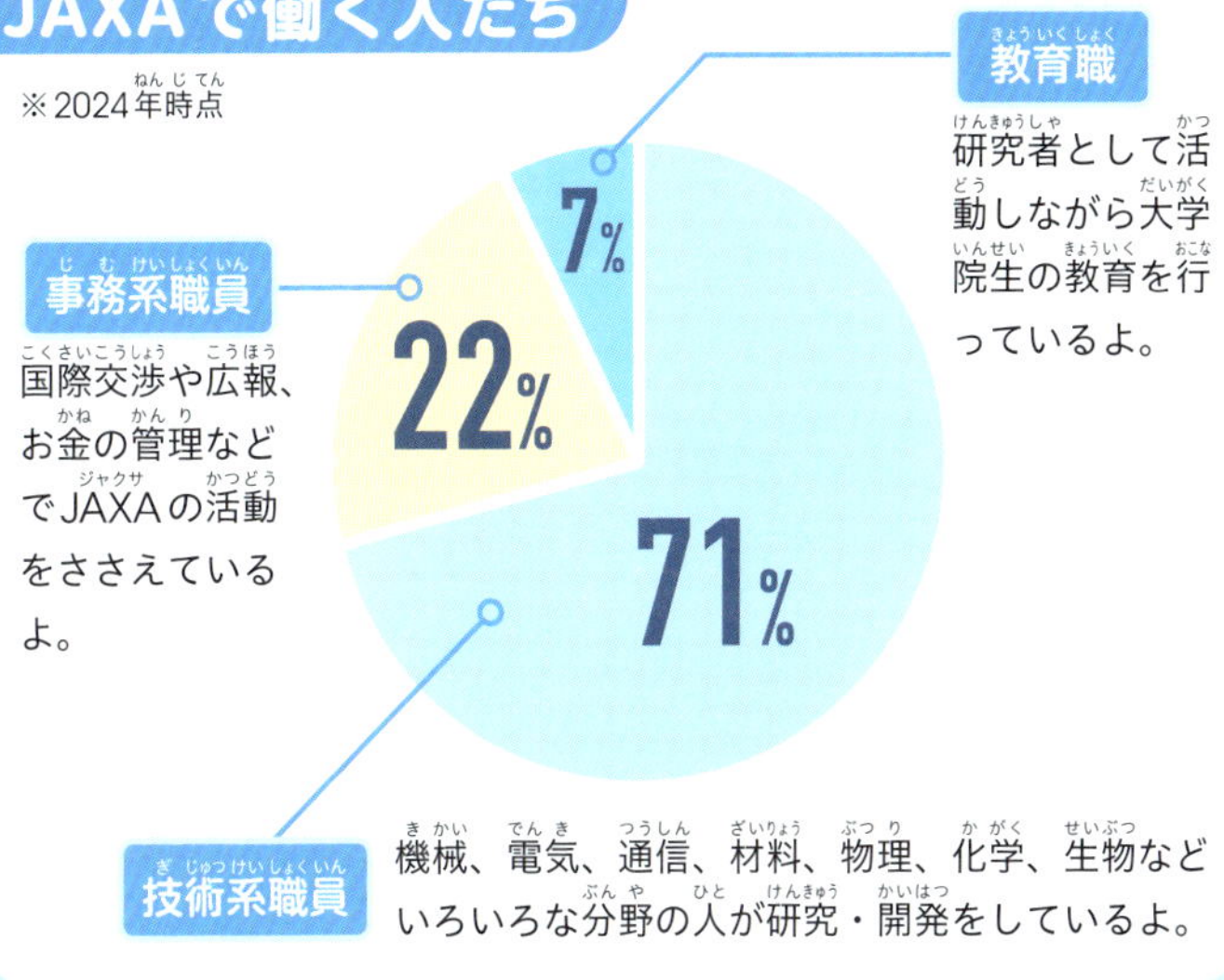

写真：NASA、ESA、CSA、STScI、Joseph DePasquale (STScI)、Anton M. Koekemoer (STScI)、Alyssa Pagan (STScI)

2 章《しょう》

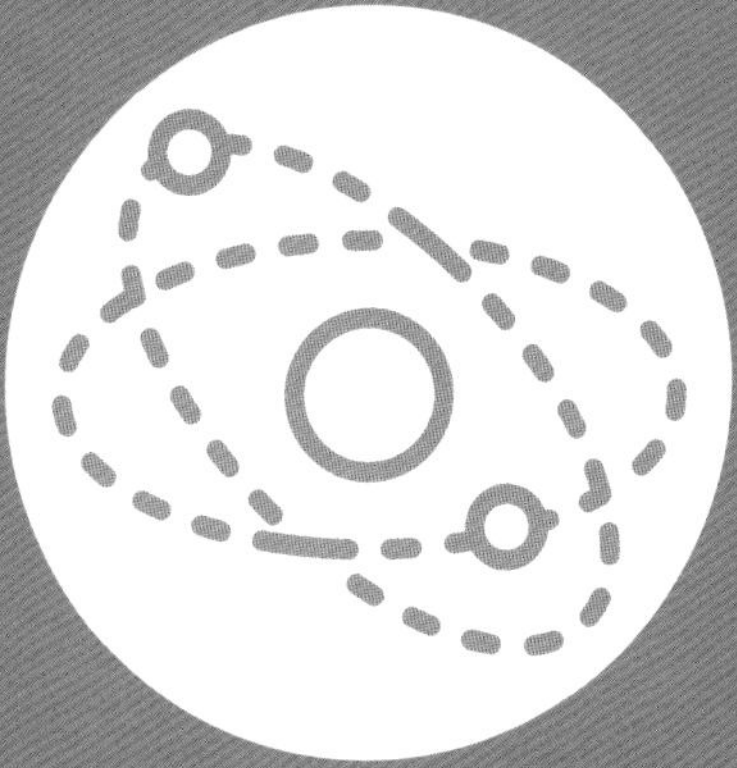

天《てん》文《もん》学《がく》のおしごと

宇《う》宙《ちゅう》はどうやって生《う》まれたの？

どんなすがたをしているの？

天《てん》文《もん》学《がく》は、そんな宇《う》宙《ちゅう》のひみつをときあかす学《がく》問《もん》！

望遠鏡《ぼうえんきょう》で宇宙《うちゅう》のなぞに迫《せま》る

観測《かんそく》天文学者《てんもんがくしゃ》

宇宙《うちゅう》はなぞがいっぱいです。**宇宙《うちゅう》のなかで人間《にんげん》がわかっている物質《ぶっしつ》はたった約《やく》4%**。たくさんある宇《う》宙《ちゅう》のなぞをとくのが天文学者《てんもんがくしゃ》のしごとです。天文学《てんもんがく》者《しゃ》のなかでも、「観測天文学者《かんそくてんもんがくしゃ》」は**天体望遠鏡《てんたいぼうえんきょう》を使《つか》って観測《かんそく》**することで、宇宙《うちゅう》の理解《りかい》を深《ふか》めていきます。

天体望遠鏡《てんたいぼうえんきょう》にもいろいろな種類《しゅるい》があります。みなさんのおうちにも望遠鏡《ぼうえんきょう》があるかもしれません。それは「目《め》に見《み》える光《ひかり》（可視光《かしこう》）」を見《み》る望遠鏡《ぼうえんきょう》です。ハワイにある**すばる望遠鏡《ぼうえんきょう》**や宇宙《うちゅう》にある**ジェイムズ・ウェッブ宇宙望遠鏡《うちゅうぼうえんきょう》**は、赤外線《せきがいせん》をとらえることができますし、レントゲン写真《しゃしん》に使《つか》うエックス線《せん》で観測《かんそく》する望遠鏡《ぼうえんきょう》や、電波《でんぱ》を使《つか》う望遠鏡《ぼうえんきょう》もあります。

さまざまな望遠鏡《ぼうえんきょう》を使《つか》うと、宇宙《うちゅう》のことなるすが

この人《ひと》に聞《き》きました!

国立天文台《こくりつてんもんだい》
本間希樹《ほんままれき》さん

「とことんはまる力《ちから》」は研究者《けんきゅうしゃ》に大事《だいじ》な能力《のうりょく》。
好《す》きなことをつきつめてください!

わし座星雲《ざせいうん》の「創造《そうぞう》の柱《はしら》」

ハッブル宇宙望遠鏡《うちゅうぼうえんきょう》（可視光《かしこう》）でとらえた写真《しゃしん》。

ジェイムズ・ウェッブ宇宙望遠鏡《うちゅうぼうえんきょう》（赤外線《せきがいせん》）でとらえた写真《しゃしん》。

たが見《み》えてきます。たとえば光《ひかり》や赤外線《せきがいせん》の望遠鏡《ぼうえんきょう》は宇宙《うちゅう》の果《は》て近《ちか》くの生《う》まれたての星《ほし》や銀河《ぎんが》、未知《みち》の惑星《わくせい》などを、電波望遠鏡《でんぱぼうえんきょう》はブラックホールのようにはげしく活動《かつどう》している天体《てんたい》や、星《ほし》が生《う》まれる前《まえ》の「星《ほし》の卵《たまご》」のような天体《てんたい》を見《み》せてくれます。

最近《さいきん》は遠《とお》くはなれた望遠鏡《ぼうえんきょう》まで行《い》かなくてもリモートで観測《かんそく》することや、「この天体《てんたい》を観測《かんそく》したい」という要望《ようぼう》にしたがって現地《げんち》で観測《かんそく》が行《おこな》われ、観測《かんそく》後《ご》のデータが送《おく》られることもあります。データが送《おく》られてきたら、たくさんの情報《じょうほう》のなかから目的《もくてき》の天体《てんたい》を探《さが》し出《だ》してくわしく調《しら》べ、新《あら》たな発見《はっけん》や、観測《かんそく》からわかったことを文章《ぶんしょう》（論文《ろんぶん》）にまとめ、世界《せかい》に発表《はっぴょう》します。観測天文学者《かんそくてんもんがくしゃ》のやりがいは、いままで見《み》えなかった宇宙《うちゅう》のすがたをあぶり出《だ》し、だれも知《し》らなかった新《あたら》しい発見《はっけん》をすること。天文学者《てんもんがくしゃ》になるには、第一《だいいち》に宇宙《うちゅう》への好奇心《こうきしん》や情熱《じょうねつ》、次《つぎ》に数学《すうがく》や物理《ぶつり》、コンピュータの知識《ちしき》が必要《ひつよう》です。

この人《ひと》に聞《き》きました！

国立天文台《こくりつてんもんだい》 本間希樹《ほんままれき》さん

大規模《だいきぼ》な観測《かんそく》には国《くに》をこえた協力《きょうりょく》が必要《ひつよう》！
コミュニケーション力《りょく》をきたえましょう。

コンピュータで宇宙《うちゅう》を再現《さいげん》

理論天文学者《りろんてんもんがくしゃ》

天文学者《てんもんがくしゃ》のなかでも、**宇宙《うちゅう》のしくみや法則《ほうそく》を考《かんが》えるのが**、理論天文学者《りろんてんもんがくしゃ》です。たとえば月《つき》は満月《まんげつ》になったり三日月《みかづき》になったりと、なぜ満《み》ち欠《か》けするのでしょうか？　それは太陽《たいよう》、月《つき》、地球《ちきゅう》の位置関係《いちかんけい》で説明《せつめい》できます。このように観測《かんそく》した天体《てんたい》の背景《はいけい》にあるしくみや法則《ほうそく》を考《かんが》えるのが理論天文学者《りろんてんもんがくしゃ》で、観測《かんそく》と理論《りろん》が両輪《りょうりん》となって天文学《てんもんがく》は進《すす》んできました。

観測天文学者《かんそくてんもんがくしゃ》が望遠鏡《ぼうえんきょう》を使《つか》うように、**理論天文学者《りろんてんもんがくしゃ》はコンピュータという道具《どうぐ》を使《つか》います**。天文学《てんもんがく》はあつかう時間《じかん》や空間《くうかん》が大《おお》きすぎて、実験《じっけん》をすることがむずかしいのですが、超高速《ちょうこうそく》で計算《けいさん》することができるスーパーコンピュータの登場《とうじょう》によって、**コンピュータのなかに宇宙《うちゅう》を再現《さいげん》し、模擬実験《もぎじっけん》（シミュレ**

この人《ひと》に聞《き》きました！

国立天文台《こくりつてんもんだい》
小久保英一郎《こくぼえいいちろう》さん

理論天文学者《りろんてんもんがくしゃ》には、宇宙《うちゅう》のことを知《し》りたいと思《おも》う強《つよ》い気持《きも》ちと、考《かんが》え続《つづ》ける体力《たいりょく》が大事《だいじ》です。

月《つき》が生《う》まれる様子《ようす》のシミュレーション

地球《ちきゅう》が誕生《たんじょう》したころ、火星《かせい》くらいの大《おお》きさの原始惑星《げんしわくせい》が地球《ちきゅう》に衝突《しょうとつ》し、飛《と》び散《ち》ったはへんが集《あつ》まって月《つき》になったと考《かんが》えられているよ。下《した》の図《ず》は、その様《よう》子《す》をスーパーコンピュータで再現《さいげん》したシミュレーションのひとつ。

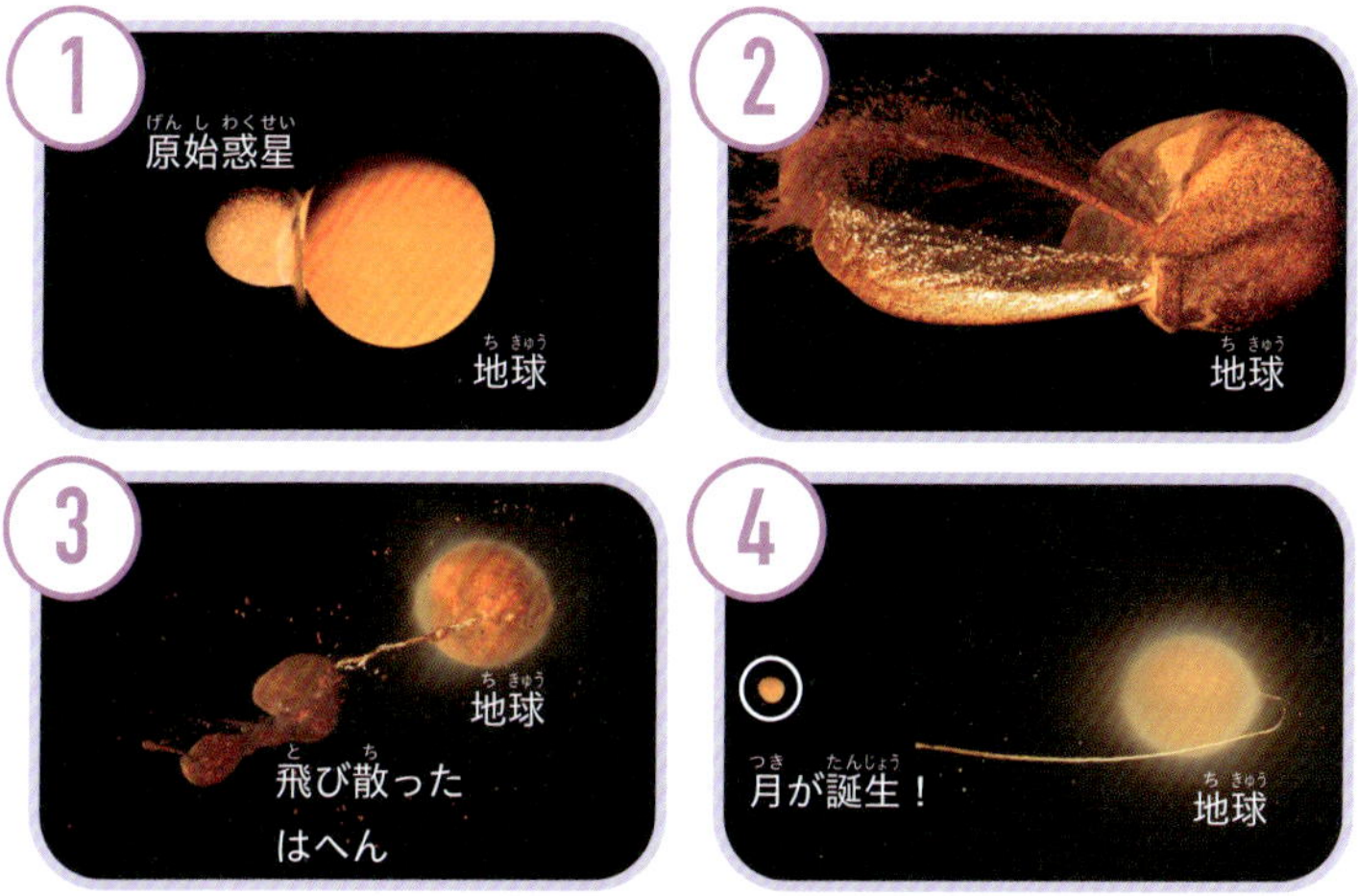

ーション）することが可能《かのう》になりました。

はじめて撮影《さつえい》に成功《せいこう》したブラックホール、「M《エム》87ブラックホール」を例《れい》に説明《せつめい》しましょう。ブラックホールの影《かげ》が観測《かんそく》できたらどう見《み》えるか、つまり光《ひかり》がどのようにブラックホールのまわりをまわって地《ち》球《きゅう》に届《とど》くか、観測前《かんそくまえ》にさまざまなパターンでコンピュータによる模擬実験《もぎじっけん》を行《おこな》いました。それを実際《じっさい》の観測結果《かんそくけっか》と合《あ》わせると、**M《エム》87ブラックホールの質量《しつりょう》**がわかりました。現在《げんざい》は望遠鏡《ぼうえんきょう》が巨大化《きょだいか》し、天体《てんたい》の細《こま》かい様子《ようす》が見《み》えるようになりましたが、ふくざつなもようや現象《げんしょう》が見《み》えると、よりなぞが深《ふか》まることもあります。それを理解《りかい》するときもコンピュータの実験《じっけん》が役立《やくだ》ちます。

太陽系《たいようけい》や地球《ちきゅう》、月《つき》がどうやってできたかもわかっていないことが多《おお》く、図鑑《ずかん》や教科書《きょうかしょ》に書《か》かれている内容《ないよう》が今後《こんご》変《か》わるかもしれません。新《あたら》しい理論《りろん》を世《せ》界《かい》ではじめて見《み》つけるのが理論天文学者《りろんてんもんがくしゃ》の喜《よろこ》びです。

この人《ひと》に聞《き》きました！

国立天文台《こくりつてんもんだい》
小久保英一郎《こくぼえいいちろう》さん

理論天文学者《りろんてんもんがくしゃ》が観測《かんそく》をすることもあります。
宇宙《うちゅう》のなぞをとくにはなんでも使《つか》います。

究極《きゅうきょく》の「目《め》」をつくる

望遠鏡《ぼうえんきょう》エンジニア

だれも見《み》たことのない宇宙《うちゅう》を見《み》るためには、いままでにない道具《どうぐ》が必要《ひつよう》です。人類《じんるい》は長《なが》く肉眼《にくがん》で星《ほし》をながめていましたが、1608年《ねん》にオランダのめがね職人《しょくにん》が望遠鏡《ぼうえんきょう》を発明《はつめい》しました。ただし当時《とうじ》の望遠《ぼうえん》鏡《きょう》は地上《ちじょう》や海上《かいじょう》の遠《とお》くを見《み》る道具《どうぐ》でした。翌年《よくねん》、自《じ》分《ぶん》で望遠鏡《ぼうえんきょう》をつくり月《つき》や木星《もくせい》を観測《かんそく》したのがガリレオ・ガリレイです。月《つき》のクレーターや木星《もくせい》のまわりをまわる4つの衛星《えいせい》を発見《はっけん》。天体望遠鏡《てんたいぼうえんきょう》の登場《とうじょう》で天《てん》文学《もんがく》は飛躍的《ひやくてき》に発展《はってん》したのです。技術《ぎじゅつ》が進歩《しんぽ》すれば、見《み》える宇宙《うちゅう》がどんどん広《ひろ》がります。つまり天文学《てんもんがく》の発展《はってん》には、望遠鏡《ぼうえんきょう》や観測装置《かんそくそうち》などの道具《どうぐ》をつくるエンジニアが、とても大事《だいじ》な役割《やくわり》をはたしています。

国立天文台《こくりつてんもんだい》にはハイテク工場《こうじょう》「先端技術《せんたんぎじゅつ》センター」

この人《ひと》に聞《き》きました！

国立天文台《こくりつてんもんだい》
平松正顕《ひらまつまさあき》さん

電波《でんぱ》や重力波《じゅうりょくは》（時空《じくう》のゆらぎ）の観測装置《かんそくそうち》も開発《かいはつ》しています。

HSC《エイチエスシー》がとらえた「くらげ銀河《ぎんが》」。ふたつの渦巻銀河《うずまきぎんが》が衝突《しょうとつ》している。

すばる望遠鏡《ぼうえんきょう》のHSC《エイチ エス シー》

があります。天文学者《てんもんがくしゃ》、技術者《ぎじゅつしゃ》、サポートスタッフなどさまざまな専門知識《せんもんちしき》をもった数十人《すうじゅうにん》のメンバーがいて、最先端《さいせんたん》の設備《せつび》を使《つか》いながら観測装置《かんそくそうち》の設計《せっけい》、製造《せいぞう》、試験《しけん》などを行《おこな》っています。望遠鏡《ぼうえんきょう》は完成《かんせい》したら終《お》わりではなく、**観測装置《かんそくそうち》を入《い》れかえることによって進化《しんか》します**。

たとえば**すばる望遠鏡《ぼうえんきょう》**は、観測開始《かんそくかいし》から10年以上《ねんいじょう》たって高《たか》さ3m、重《おも》さ3トンもの巨大《きょだい》なデジカメ**「HSC《エイチエスシー》（超広視野主焦点《ちょうこうしやしゅしょうてん》カメラ）」**がとりつけられました。暗《くら》い天体一《てんたいひと》つひとつをシャープに撮影《さつえい》でき、広《ひろ》い視野《しや》を見《み》わたす能力《のうりょく》は世界最高《せかいさいこう》レベル。大《おお》きな鏡《かがみ》をもつ望遠鏡《ぼうえんきょう》は視野《しや》がせまい（観測範囲《かんそくはんい》がせまい）という特徴《とくちょう》がありましたが、すばる望遠鏡《ぼうえんきょう》は群《ぐん》をぬいて広《ひろ》い視野《しや》をもっていて、その視野《しや》をいかすために**天文学者《てんもんがくしゃ》がHSC《エイチエスシー》を自分《じぶん》で開発《かいはつ》した**のです。HSC《エイチエスシー》は大発見《だいはっけん》を続《つづ》け、世界中《せかいじゅう》の天文学者《てんもんがくしゃ》から観測申《かんそくもう》しこみがよせられる、人気《にんき》の観測装置《かんそくそうち》になっています。

この人《ひと》に聞《き》きました！

国立天文台《こくりつてんもんだい》
平松正顕《ひらまつまさあき》さん

観測技術《かんそくぎじゅつ》は、通信《つうしん》や医療《いりょう》、防災《ぼうさい》など社会《しゃかい》に役立《やくだ》つ応用《おうよう》もできます。

ブラックホールってなに？

ブラックホールは、どんな物質《ぶっしつ》も吸《す》いこんでしまうとても変《か》わった天体《てんたい》。宇宙《うちゅう》で一番速《いちばんはや》い速度《そくど》をもつ光《ひかり》でさえも、吸《す》いこまれたら外《そと》に出《で》ることはできません。それはブラックホールの重力《じゅうりょく》がとんでもなく大《おお》きいから。**M《エム》87銀河《ぎんが》の中心《ちゅうしん》にある超巨大《ちょうきょだい》ブラックホールの質量《しつりょう》は、太陽《たいよう》の質量《しつりょう》の約《やく》65億倍《おくばい》**です！

ブラックホールは、100年以上前《ねんいじょうまえ》にその存在《そんざい》が予言《よげん》されていました。物理学者《ぶつりがくしゃ》**アインシュタイン**が1915年《ねん》ごろに考《かんが》え出《だ》した「**一般相対性理論《いっぱんそうたいせいりろん》**」から、天文学者《てんもんがくしゃ》シュバルツシルトが「ブラックホールが存在《そんざい》する！」と理論的《りろんてき》にみちびき出《だ》したのです。

でもなかなかそのすがたを直接《ちょくせつ》とらえることはできませんでした。ブラックホールはとても小《ちい》さく、光《ひかり》を出《だ》さないので、観測《かんそく》するには望遠鏡《ぼうえんきょう》の視力《しりょく》が足《た》

もし恒星質量《こうせいしつりょう》ブラックホールに人間《にんげん》が吸《す》いこまれたら、あまりにも強《つよ》い重力《じゅうりょく》のせいで、頭《あたま》とつま先《さき》という小《ちい》さな距離《きょり》でもかかる重力《じゅうりょく》の差《さ》が大《おお》きくなって、スパゲティのように体《からだ》が引《ひ》きのばされてしまう!?　イラストはブラックホールによる時空《じくう》のゆがみと、そこに落《お》ちる様子《ようす》を表《あらわ》すイメージ図《ず》。

りなかったのです。そこで2017年《ねん》に世界中《せかいじゅう》の天《てん》文学者《もんがくしゃ》が協力《きょうりょく》し、8つの電波望遠鏡《でんぱぼうえんきょう》を組《く》み合《あ》わせて「地球《ちきゅう》サイズの望遠鏡《ぼうえんきょう》」をつくりました。その視力《しりょく》はなんと300万《まん》！　地上《ちじょう》から月面《げつめん》に置《お》いたゴルフボールが見《み》えるほどの視力《しりょく》で、ブラックホールの影《かげ》の撮影《さつえい》に成功《せいこう》。そのすがたは理論天文学者《りろんてんもんがくしゃ》が「こう見《み》えるはず」とコンピュータによるシミュレーションで予想《よそう》したすがたと、みごとに一致《いっち》していました。

ブラックホールには多《おお》くのなぞが残《のこ》っています。たとえばブラックホールは物質《ぶっしつ》を吸《す》いこむだけでなくその一部《いちぶ》を「ジェット」としてはき出《だ》していますが、今回《こんかい》は観測《かんそく》できませんでした。また、銀河《ぎんが》の中《ちゅう》心《しん》に超巨大《ちょうきょだい》ブラックホールがあることがわかりましたが、銀河《ぎんが》と超巨大《ちょうきょだい》ブラックホール、どちらが先《さき》にできたのかはなぞのままです。今後《こんご》は、宇宙《うちゅう》に望遠《ぼうえん》鏡《きょう》を打《う》ち上《あ》げて地上《ちじょう》の望遠鏡《ぼうえんきょう》と組《く》み合《あ》わせることで、たくさんのブラックホール撮影《さつえい》を目指《めざ》しています。

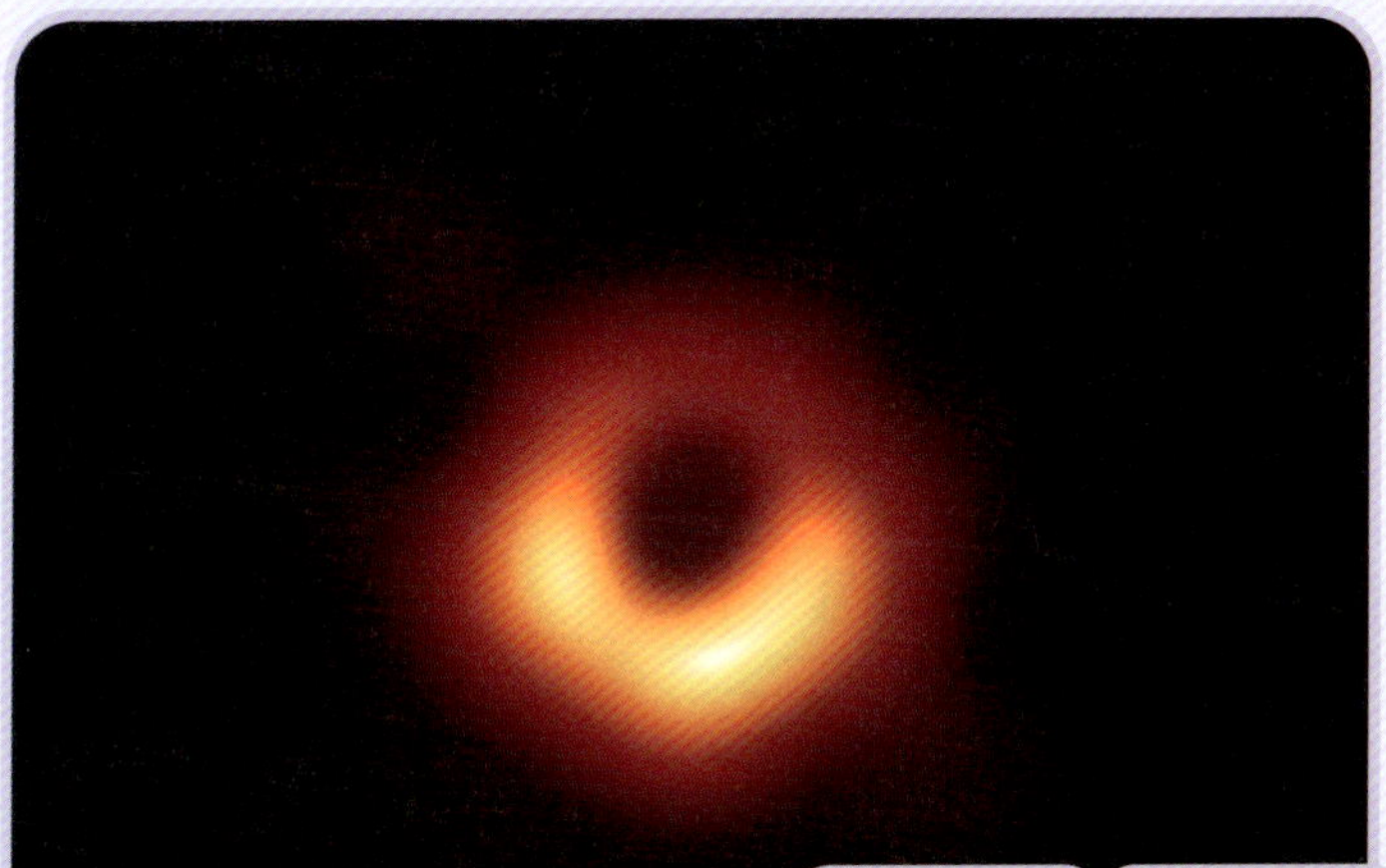

実際《じっさい》に撮影《さつえい》された M《エム》87ブラックホール

シミュレーション

どんな おしごと？

ホールを追《お》いかけた

観《かん》測《そく》天《てん》文《もん》学《がく》者《しゃ》

本間希樹

ほんま まれき

国《こく》立《りつ》天《てん》文《もん》台《だい》水《みず》沢《さわ》
VLBI《ブイエルビーアイ》観《かん》測《そく》所《じょ》所《しょ》長《ちょう》

世界《せかい》ではじめてブラックホールの撮影《さつえい》に成功《せいこう》した「イベント・ホライズン・テレスコープ」計画《けいかく》の日本《にっぽん》チームリーダー。

真実《しんじつ》を目《め》にするうれしさ

世界中《せかいじゅう》の天文学者《てんもんがくしゃ》と協力《きょうりょく》し、世界《せかい》ではじめてブラックホールの写真《しゃしん》を撮《と》ることに成功《せいこう》しました。日本《にっぽん》チーム代表《だいひょう》としてはじめて仲間《なかま》たちとブラックホールの写真《しゃしん》を見《み》たとき、「長年目指《ながねんめざ》していたものがついに見《み》えた！」とガッツポーズしました。

もともと天《あま》の川《がわ》の研究《けんきゅう》をしていました。日本各《にっぽんかく》地《ち》の4つの電波望遠鏡《でんぱぼうえんきょう》を組《く》み合《あ》わせて、それまで見《み》つかったなかでもっとも遠《とお》い天体《てんたい》の距離《きょり》を世界《せかい》一精密《いちせいみつ》にはかることに成功《せいこう》し、天《あま》の川《がわ》の立体地図《りったいちず》をつくっていました（VERA《ベラ》プロジェクト）。

ちょうどそのころ、アメリカのグループが3台《だい》の望遠鏡《ぼうえんきょう》で巨大《きょだい》ブラックホールから出《で》た電波《でんぱ》を観《かん》測《そく》したと知《し》り、「VERA《ベラ》の経験《けいけん》と技術《ぎじゅつ》をいかして望遠鏡《ぼうえんきょう》の台数《だいすう》を増《ふ》やせば、ブラックホールが見《み》えるはず！」と考《かんが》えました。さっそくアメリカのリーダーに声《こえ》をかけ、国際的《こくさいてき》なブラックホール撮《さつ》影《えい》プロジェクトが動《うご》き出《だ》したのです。

プロジェクトにはいろいろなしごとがありますが、日本《にっぽん》チームがとくに力《ちから》を入《い》れたのはソフトウエアです。よりよい写真《しゃしん》を得《え》るには、撮影《さつえい》データを解析《かいせき》するソフトウェアの開発《かいはつ》が必要《ひつよう》です。私《わたし》たちが注目《ちゅうもく》した解析《かいせき》の手法《しゅほう》は、当時《とうじ》の電波天文分野《でんぱてんもんぶんや》ではほとんど使《つか》われていないものでした。しかし私《わたし》は、たまたまその手法《しゅほう》にくわしい大学《だいがく》の先生《せんせい》の話《はなし》を聞《き》いて「使《つか》える！」と思《おも》い、仲間《なかま》と協力《きょうりょく》して開発《かいはつ》を進《すす》めました。そのソフトウェアのおかげで、ブラックホールのはっきりした写真《しゃしん》を撮《と》ることができました。

プロジェクトには世界《せかい》の約《やく》３００人《にん》の研究者《けんきゅうしゃ》が参加《さんか》。意見《いけん》がぶつかることもありましたが、みんな「ブラックホールを見《み》たい」という同《おな》じ夢《ゆめ》をもっていたから、困難《こんなん》を乗《の》りこえられたと思《おも》います。

世《せ》界《かい》中《じゅう》の仲《なか》間《ま》とブラック

天文学者《てんもんがくしゃ》に欠《か》かせない力《ちから》

小学生《しょうがくせい》のころ、宇宙《うちゅう》の図鑑《ずかん》を読《よ》んで星《ほし》に興味《きょうみ》をもち、天体望遠鏡《てんたいぼうえんきょう》を買《か》ってもらって月《つき》を見《み》ました。クレーターがきれいに見《み》えて、「月《つき》ってこんな世《せ》界《かい》なんだ」と好奇心《こうきしん》をかきたてられました。

やがて大学院《だいがくいん》に入《はい》り、指導教官《しどうきょうかん》の先生《せんせい》がいきいきと天文学《てんもんがく》の研究《けんきゅう》をしているすがたを見《み》て、本格《ほんかく》的《てき》に天文学者《てんもんがくしゃ》を目指《めざ》すようになりました。ただ、天文学者《てんもんがくしゃ》として生《い》き残《のこ》るのはかんたんではありません。まず研究《けんきゅう》して論文《ろんぶん》をたくさん書《か》くこと。論《ろん》文《ぶん》ではいままでほかの人《ひと》がやっていないものの見《み》方《かた》や解決《かいけつ》の仕方《しかた》、つまりおもしろいアイデアを出《だ》せるかが勝負《しょうぶ》です。そのためにはいろいろなことに興味《きょうみ》をもって、自分《じぶん》のものにする力《ちから》が必要《ひつよう》です。

そしてアイデアを実現《じつげん》するために問《と》われるのはチーム力《りょく》。仲間《なかま》といっしょに目標《もくひょう》を実現《じつげん》していく力《ちから》は天文学《てんもんがく》でも欠《か》かせません。これからも望遠鏡《ぼうえんきょう》の進化《しんか》が続《つづ》き、天文学《てんもんがく》はますますおもしろくなります。観測天文学者《かんそくてんもんがくしゃ》になったら、観測《かんそく》データを最《さい》初《しょ》に見《み》るときのワクワクをぜひ体験《たいけん》してください。

がいくつあるのだろう

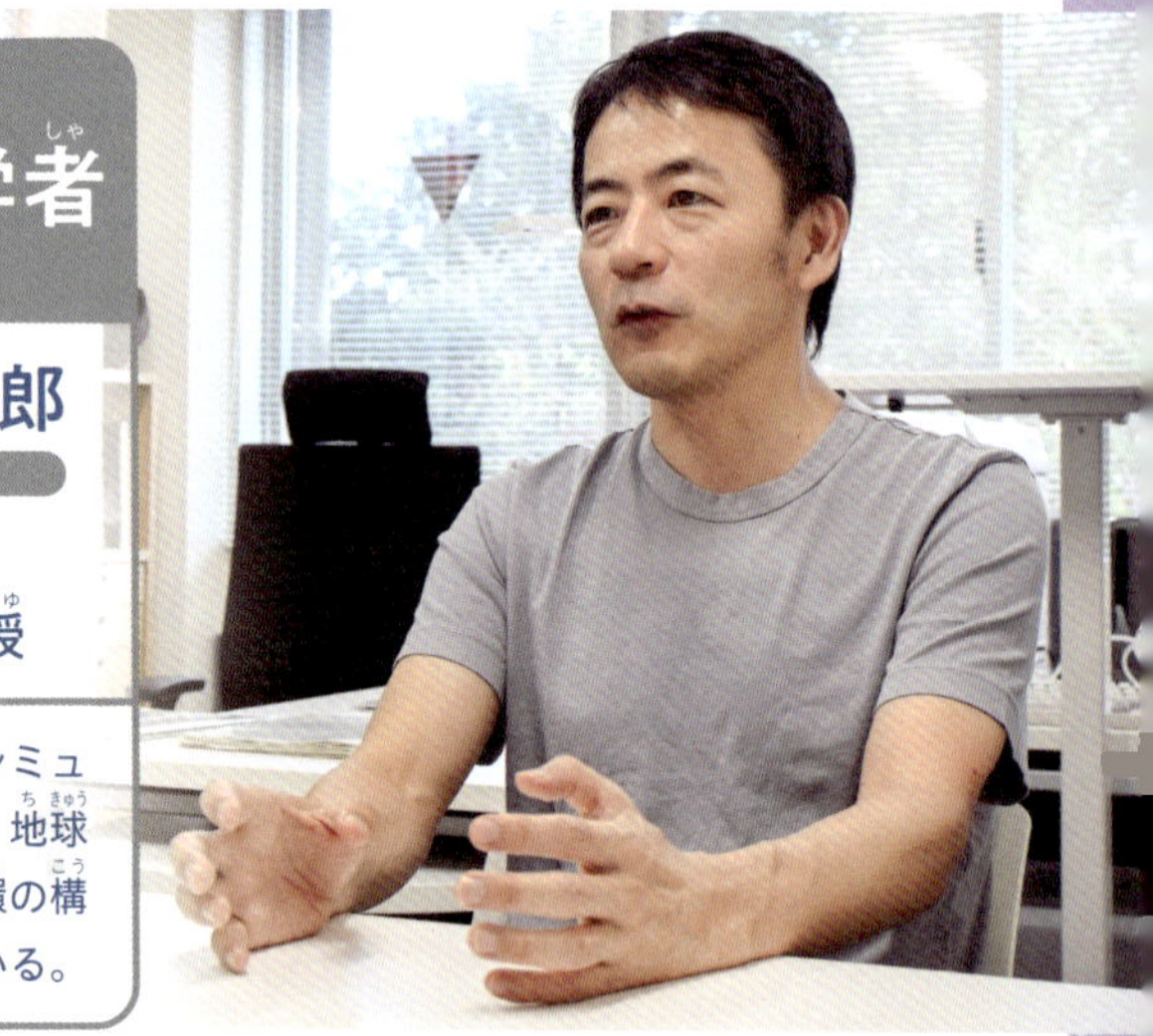

理論《りろん》天文《てんもん》学者《がくしゃ》

小久保英一郎
こくぼ えいいちろう
国立天文台《こくりつてんもんだい》
科学研究部教授《かがくけんきゅうぶきょうじゅ》

コンピュータによるシミュレーションを使《つか》って、地球《ちきゅう》や月《つき》の起源《きげん》、土星《どせい》の環《わ》の構造《こうぞう》などの研究《けんきゅう》をしている。

新発見《しんはっけん》の瞬間《しゅんかん》

宇宙《うちゅう》には、地球《ちきゅう》のように生《い》き物《もの》がいる惑星《わくせい》がどのくらいあるのだろう……。子《こ》どものころからの疑問《ぎもん》に答《こた》えたくて、惑星《わくせい》について研究《けんきゅう》しています。研究《けんきゅう》ではスーパーコンピュータを使《つか》った「地球《ちきゅう》をつくる実験《じっけん》」も行《おこな》います。まず、惑星《わくせい》の材料《ざいりょう》となる微惑星《びわくせい》の運動《うんどう》を決《き》める法則《ほうそく》を、コンピュータにプログラムします。そしてコンピュータに微惑《びわく》星《せい》の質量《しつりょう》や位置《いち》などを数万個分入力《すうまんこぶんにゅうりょく》し、プログラムを実行《じっこう》。すると、自分《じぶん》がつくった宇宙《うちゅう》のなかで微惑星《びわくせい》が運動《うんどう》をはじめます。微惑星《びわくせい》どうしが衝《しょう》突《とつ》・合体《がったい》してだんだん大《おお》きくなり惑星《わくせい》に育《そだ》っていく。実験《じっけん》をくり返《かえ》すなかで、微惑星《びわくせい》の成長《せいちょう》について予想《よそう》していなかった新《あたら》しい現象《げんしょう》を発見《はっけん》することができました。

ただし、すぐに「新発見《しんはっけん》だ！」とはなりません。予想外《よそうがい》の結果《けっか》が出《で》たときはまず自分《じぶん》をうたがいま

この宇宙《うちゅう》には生《い》き物《もの》がいる惑星《わくせい》

す。ほとんどの場合《ばあい》はまちがいに終《お》わるのですが、たまにとことん調《しら》べても結果《けっか》が正《ただ》しいことがあり、新発見《しんはっけん》になります。自分《じぶん》の手《て》で新発見《しんはっけん》をするのはすごい喜《よろこ》びです。「こういうことになっていたのか！」と世界《せかい》ではじめて自分《じぶん》がわかるのですから。

最近《さいきん》は、太陽系《たいようけい》以外《いがい》の惑星《わくせい》の並《なら》び方《かた》についての法則《ほうそく》を発見《はっけん》しようとがんばっています。じつは宇《う》宙《ちゅう》には太陽系《たいようけい》にはないような惑星《わくせい》がたくさん存在《そんざい》していることがわかっていて、ある一定《いってい》のルールで並《なら》んでいるようです。かんたんな法則《ほうそく》で説明《せつめい》できないか、シミュレーションをしながらあれこれ考《かんが》えているところです。

野山《のやま》で遊《あそ》ぼう！

天文学《てんもんがく》では、本物《ほんもの》の天体《てんたい》を使《つか》った実験《じっけん》、たとえば星《ほし》をつくったりこわしたりできるわけではなかったので、コンピュータに宇宙《うちゅう》の法則《ほうそく》をプログラムして模擬宇宙《もぎうちゅう》をつくり、シミュレーション（模《も》擬実験《ぎじっけん》）ができるようになったのは画期的《かっきてき》なことでした。天文学者《てんもんがくしゃ》には、こうしたシミュレーションを使《つか》った理論的《りろんてき》な研究《けんきゅう》が得意《とくい》な人《ひと》もいれば、望《ぼう》遠鏡《えんきょう》を使《つか》った観測《かんそく》が得意《とくい》な人《ひと》もいます。でもこれからは、自分《じぶん》が知《し》りたいと思《おも》った天体《てんたい》のことは、理論《りろん》でも観測《かんそく》でも、なんでも使《つか》って調《しら》べていく人《ひと》が活躍《かつやく》すると思《おも》います。ぼくも、太陽系《たいようけい》以外《いがい》の惑《わく》星《せい》を観測《かんそく》するチームに入《はい》っています。

これほどにぼくが惑星《わくせい》にひかれるのは、田舎《いなか》で育《そだ》ったからかもしれません。近所《きんじょ》の田《た》んぼや川《かわ》、山《やま》には生《い》き物《もの》がたくさんいて、夜《よる》は天《あま》の川《がわ》が見《み》えました。宇宙《うちゅう》にはこれだけの星《ほし》があるのだから、どこかの惑星《わくせい》に生《い》き物《もの》がいて、自分《じぶん》と同《おな》じように空《そら》を見上《みあ》げているかもしれないと考《かんが》えていました。

天文学者《てんもんがくしゃ》になるにはどうしたらいいか、とよく聞《き》かれますが、小《ちい》さいころは野山《のやま》で遊《あそ》ぶのが一番《いちばん》だと答《こた》えています。満天《まんてん》の星《ほし》を見《み》て、自然《しぜん》とのつき合《あ》い方《かた》を学《まな》ぶなかで好《す》きなものが見《み》つかったら、勉強《べんきょう》はそのあとでやればいいと思《おも》っています。

星空《ほしぞら》のみりょくを伝《つた》える
プラネタリアン

丸《まる》いドームスクリーンに実際《じっさい》とそっくりの星空《ほしぞら》を映《うつ》し出《だ》すのがプラネタリウムです。**星《ほし》と星《ほし》をむすんで神話《しんわ》に出《で》てくる人《ひと》や動物《どうぶつ》に見立《みた》てたものを星座《せいざ》とよびます**が、季節《きせつ》や時間《じかん》、場所《ばしょ》によって見《み》える星座《せいざ》はちがいます。星空《ほしぞら》や星座《せいざ》を解説《かいせつ》したり、プラネタリウムで投影《とうえい》する番組《ばんぐみ》を考《かんが》えたりするのがプラネタリアンのおもなしごとです。世界《せかい》には3500をこえるプラネタリウムがあります。日本《にっぽん》には300以上《いじょう》のプラネタリウムがあり、アメリカ、中国《ちゅうごく》についで第《だい》3位《い》の「**プラネタリウム大国《たいこく》**」です。

プラネタリアンのおしごとはお客《きゃく》さんにどんな番組《ばんぐみ》を見《み》てもらうのか、企画《きかく》することからはじまります。番組《ばんぐみ》をつくる場合《ばあい》には、シナリオを考《かんが》え、どん

この人《ひと》に聞《き》きました！

コスモプラネタリウム渋谷《しぶや》
永田《ながた》美絵《みえ》さん

星《ほし》が好《す》きな人《ひと》、人前《ひとまえ》で話《はな》すことや絵《え》、音楽《おんがく》が好《す》きな人《ひと》もむいているしごとです。

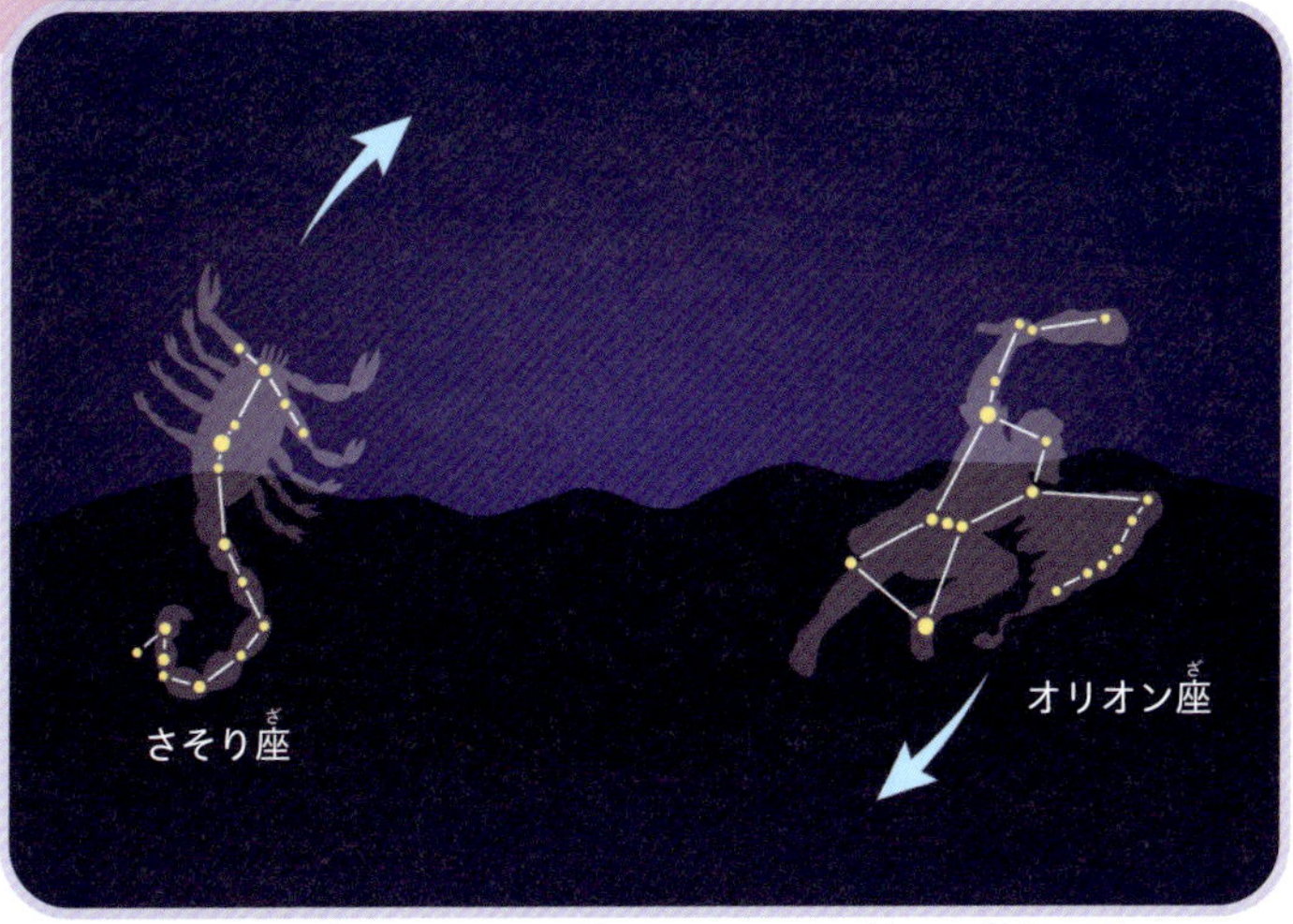

ギリシア神話《しんわ》の英雄《えいゆう》オリオンは、力《ちから》じまんのために多《おお》くの動物《どうぶつ》を殺《ころ》していたので、ばつとして大《おお》サソリに殺《ころ》されてしまった。そのため、冬《ふゆ》の星座《せいざ》のオリオン座《ざ》は、夏《なつ》の星座《せいざ》のさそり座《ざ》から逃《に》げるように動《うご》くのだといわれているよ。

な絵《え》にするのか考《かんが》え、流《なが》す曲《きょく》を選《えら》びます。短《みじか》い映画《えいが》の監督《かんとく》のようですね。星座《せいざ》を解説《かいせつ》する場合《ばあい》には、解説用《かいせつよう》の原稿《げんこう》を書《か》きます。解説《かいせつ》は、小学校《しょうがっこう》の生徒《せいと》たちが見《み》に来《く》る「学習投影《がくしゅうとうえい》」用《よう》のものもあれば、**七夕《たなばた》やお月見《つきみ》**など季節《きせつ》に合《あ》わせた番組《ばんぐみ》の解説《かいせつ》などもあり、目的《もくてき》によって話《はな》す内容《ないよう》が変《か》わります。また、最近《さいきん》のプラネタリウムはさまざまな目的《もくてき》で使《つか》われています。たとえば、星空《ほしぞら》をテーマにした**コンサートやファッションショー、演劇《えんげき》**など。さらに、実際《じっさい》の星空《ほしぞら》を見《み》る観望会《かんぼうかい》で解説《かいせつ》をすることもあります。持《も》ち運《はこ》べるドームに星空《ほしぞら》を映《うつ》す移動《いどう》プラネタリウムで病院《びょういん》や学校《がっこう》などをまわり、解説《かいせつ》する人《ひと》もいます。

　プラネタリアンは定期的《ていきてき》な採用《さいよう》は行《おこな》っておらず、欠員《けついん》が出《で》たら募集《ぼしゅう》することが多《おお》いようです。お気《き》に入《い》りのプラネタリウムに通《かよ》って情報《じょうほう》を教《おし》えてもらったり、ボランティアやアルバイトをしたりしてチャンスをのがさないようにすることが近道《ちかみち》です。

この人《ひと》に聞《き》きました!

コスモプラネタリウム渋谷《しぶや》 永田美絵《ながたみえ》さん

必要《ひつよう》な資格《しかく》はありませんが、学芸員資格《がくげいいんしかく》や教員免許《きょういんめんきょ》をもっていると役《やく》に立《た》ちます。

星空《ほしぞら》が教《おし》えてくれること

プラネタリアン

永田美絵

ながた みえ

コスモプラネタリウム渋谷《しぶや》
チーフ解説員《かいせついん》

プラネタリウムやいろいろなメディアなどで宇宙《うちゅう》や星空《ほしぞら》のみりょくを伝《つた》え続《つづ》けている。

プラネタリアンをやっていてよかったなと思《おも》うのは、お客様《きゃくさま》が笑顔《えがお》で「ありがとう」と声《こえ》をかけて下《くだ》さるときです。「落《お》ちこんでいたけど星《ほし》を見《み》て助《たす》けられました」と話《はな》された方《かた》もいました。プラネタリウムで星《ほし》をながめることで気持《きも》ちが明《あか》るくなったり、心《こころ》がいやされたりするのは、とてもすてきなことです。

幼《おさな》いころ、父《ちち》がよく連《つ》れていってくれたプラネタリウムで見《み》た天《あま》の川《がわ》や、小学生《しょうがくせい》のときに見《み》た皆既月食《かいきげっしょく》に感動《かんどう》し、天文関係《てんもんかんけい》のしごとを目指《めざ》すようになりました。思《おも》い立《た》つとすぐ行動《こうどう》する私《わたし》は、近《ちか》くのプラネタリウムにどうしたら解説員《かいせついん》になれるか聞《き》きに行《い》きました。大学《だいがく》では天文部《てんもんぶ》で紹介《しょうかい》してもらったプラネタリウムのアルバイトが楽《たの》しくて没頭《ぼっとう》し、卒業時《そつぎょうじ》に都内《となない》のプラネタリウムに欠員《けついん》があり、入《はい》ることができました。プラネタリウムをとおして宇宙《うちゅう》を知《し》ることで、長《なが》い時間《じかん》をかけて命《いのち》を育《はぐく》む環境《かんきょう》になった地球《ちきゅう》や、その地球《ちきゅう》に生《い》きる命《いのち》のすばらしさを知《し》りました。それを伝《つた》えることが「自分《じぶん》のミッション」だと思《おも》っています。プラネタリウムで、星《ほし》を語《かた》る仲間《なかま》が増《ふ》えてくれたらうれしいです。

もっと！
天文学《てんもんがく》のおしごと

星空案内人《ほしぞらあんないにん》

天体望遠鏡《てんたいぼうえんきょう》を使《つか》った星空観察会《ほしぞらかんさつかい》や体験型《たいけんがた》のイベントで一般《いっぱん》の人《ひと》に星空《ほしぞら》を説明《せつめい》し、星《ほし》に親《した》しんでもらう活動《かつどう》をしている人《ひと》。「星《ほし》のソムリエ®」という資格《しかく》をもつ人《ひと》もいる。望遠鏡関連《ぼうえんきょうかんれん》メーカーや地方自治体《ちほうじちたい》にイベントを提案《ていあん》するなど、企画力《きかくりょく》や行動力《こうどうりょく》が求《もと》められます。

サポートアストロノマー

観測天文学者《かんそくてんもんがくしゃ》は観測現場《かんそくげんば》に来《こ》ないこともあります。現場《げんば》で望遠鏡《ぼうえんきょう》を動《うご》かし観測《かんそく》の指示《しじ》を送《おく》るのは「サポートアストロノマー」たち。望遠鏡《ぼうえんきょう》や装置《そうち》にくわしく、天文学《てんもんがく》の知識《ちしき》があり天気《てんき》や望遠鏡《ぼうえんきょう》の状態《じょうたい》を見《み》て、どういう順番《じゅんばん》でなにを観測《かんそく》するかを判断《はんだん》していきます。

アマチュア天文家《てんもんか》

天文学《てんもんがく》は開《ひら》かれた学問《がくもん》です。専門的《せんもんてき》に天文学《てんもんがく》を学《まな》ばなくても観測《かんそく》や研究《けんきゅう》ができます。日本《にっぽん》のアマチュア天文家《てんもんか》は超新星《ちょうしんせい》や流《なが》れ星《ぼし》、彗星《すいせい》、小惑星《しょうわくせい》などの発見《はっけん》や観測《かんそく》で活躍《かつやく》しています。ハッブル宇宙望遠鏡《うちゅうぼうえんきょう》などの観測《かんそく》データは公開《こうかい》され、研究《けんきゅう》して論文《ろんぶん》を発表《はっぴょう》することができます。

天文雑誌《てんもんざっし》編集者《へんしゅうしゃ》、ライター

星《ほし》や宇宙《うちゅう》の情報《じょうほう》を伝《つた》えるのが天文雑誌《てんもんざっし》。編集者《へんしゅうしゃ》は雑誌《ざっし》をつくる人《ひと》で、星《ほし》や宇宙《うちゅう》についておもしろくてためになる情報《じょうほう》を集《あつ》め、どの話題《わだい》を雑誌《ざっし》にのせるのか決《き》めます。それぞれの記事《きじ》はライターが取材《しゅざい》して原稿《げんこう》を書《か》きます。編集者《へんしゅうしゃ》とライターが協力《きょうりょく》して雑誌《ざっし》をつくります。

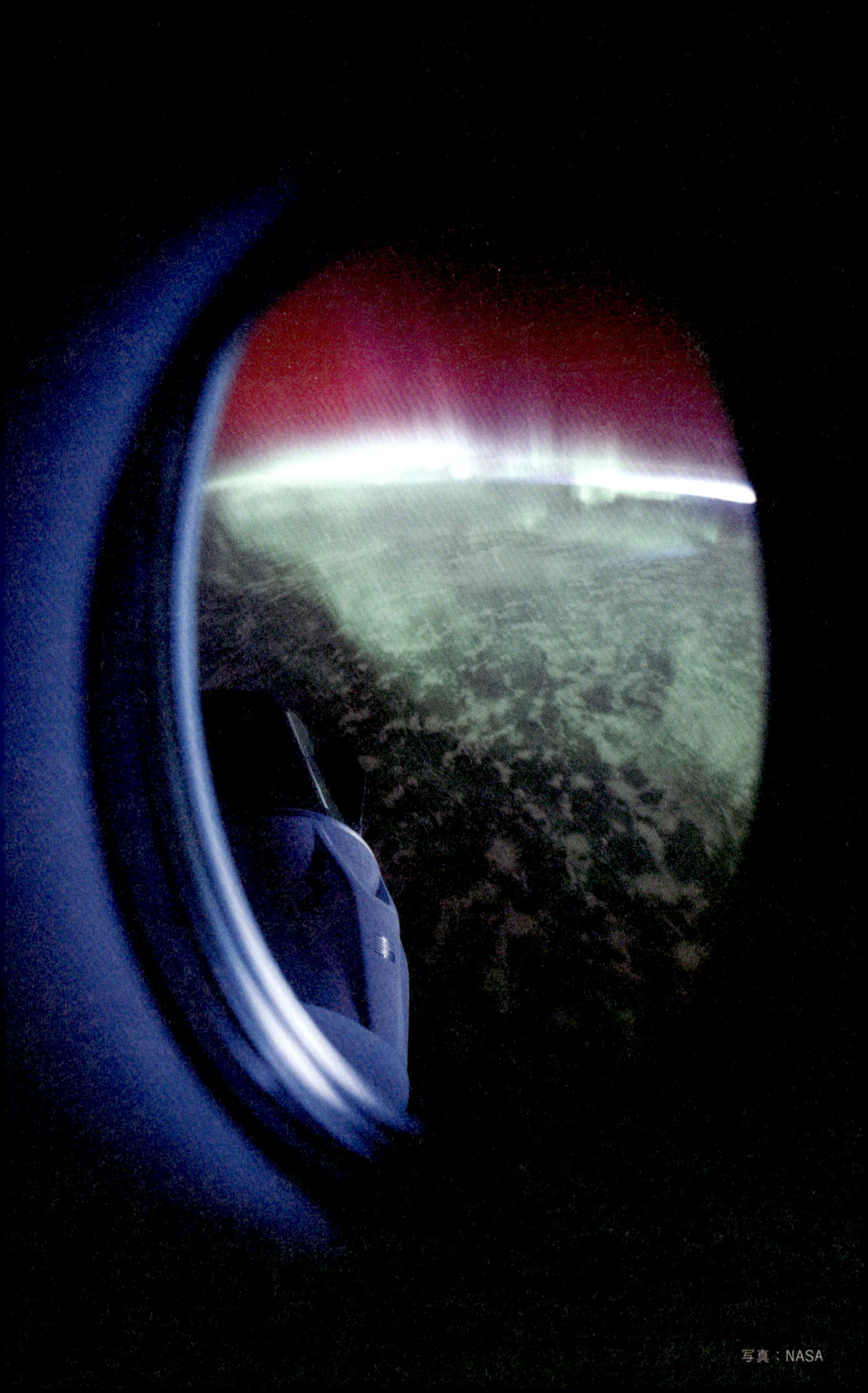

写真：NASA

3章《しょう》

宇《う》宙《ちゅう》ビジネスのおしごと

宇宙旅行《うちゅうりょこう》に行《い》きたい！　宇宙《うちゅう》で楽《たの》しくくらしたい！
そんな願《ねが》いをかなえる新《あたら》しい宇宙《うちゅう》のおしごと
「宇宙《うちゅう》ビジネス」がどんどん生《う》まれているって知《し》ってた？

宇宙《うちゅう》ビジネスで世界《せかい》を変《か》える!

宇《う》宙《ちゅう》社《しゃ》長《ちょう》

「たくさんの人《ひと》が宇宙《うちゅう》を旅行《りょこう》できるようにしたい」「宇宙《うちゅう》の技術《ぎじゅつ》で環境問題《かんきょうもんだい》を解決《かいけつ》したい」と思《おも》ったらどうしたらよいでしょう? これまで宇宙《うちゅう》のしごとをするには、JAXA《ジャクサ》など国《くに》の機関《きかん》に入《はい》るのが一般的《いっぱんてき》だと思《おも》われていました。でもいまは、会社《かいしゃ》をつくるという手段《しゅだん》があります。会社《かいしゃ》が中心《ちゅうしん》となって進《すす》める宇宙開発《うちゅうかいはつ》を「宇宙《うちゅう》ビジネス」とよびます。国《くに》の機関《きかん》ができなかったことに挑戦《ちょうせん》し、産業《さんぎょう》が発展《はってん》します。

たとえばアメリカの「スペースX《エックス》」という会社《かいしゃ》は、ひんぱんにロケットを打《う》ち上《あ》げることに成功《せいこう》しています。それまで打《う》ち上《あ》げ後《ご》は海《うみ》に落下《らっか》し捨《す》てていたロケットの1段目《だんめ》を地上《ちじょう》に着陸《ちゃくりく》させ、何度《なんど》も使《つか》えるようにすることなどでロケットの値段《ねだん》を下《さ》げました。

この人《ひと》に聞《き》きました!

ispace, inc.《アイスペース インク》
袴田武史《はかまだたけし》さん

大事《だいじ》なのはあきらめないこと。失敗《しっぱい》しても次《つぎ》になにをするか頭《あたま》を切《き》りかえることです。

スペースX社《しゃ》をつくったイーロン・マスクさん。

その結果《けっか》、世界中《せかいじゅう》から人工衛星《じんこうえいせい》を打《う》ち上《あ》げたいと申《もう》しこみが殺到《さっとう》しています。いまは火星《かせい》への飛行《ひこう》や宇《う》宙旅行《ちゅうりょこう》に使《つか》う巨大《きょだい》なロケットと宇宙船《うちゅうせん》を開発中《かいはつちゅう》。世《せ》界《かい》をおどろかせ続《つづ》け、「**スペースX《エックス》は宇宙《うちゅう》ビジネス界《かい》に革命《かくめい》を起《お》こした**」といわれます。

この会社《かいしゃ》をつくったのが、イーロン・マスクさんです。彼《かれ》は「**人類《じんるい》は火星《かせい》に移住《いじゅう》すべきで、そのためのロケットが必要《ひつよう》**」という目標《もくひょう》をもち、経験《けいけん》のあるIT《アイティー》や電気自動車《でんきじどうしゃ》のやり方《かた》をとり入《い》れました。失敗《しっぱい》をおそれず、何度《なんど》も失敗《しっぱい》しては改善《かいぜん》することで開発《かいはつ》を早《はや》く進《すす》めたのです。

宇宙社長《うちゅうしゃちょう》になるには、まず「**絶対《ぜったい》にこれがやりたい**」という本気《ほんき》の目標《もくひょう》が必要《ひつよう》です。次《つぎ》に、仲間《なかま》づくり。技術《ぎじゅつ》がわかる人《ひと》、ビジネスやお金集《かねあつ》めが得意《とくい》な人《ひと》など、**信頼《しんらい》できる仲間《なかま》**を集《あつ》めましょう。そして目《もく》標《ひょう》を実現《じつげん》する具体的《ぐたいてき》な計画《けいかく》を立《た》てて、資金《しきん》を集《あつ》めます。あなたの会社《かいしゃ》が社会《しゃかい》を変《か》えるかもしれません。

この人《ひと》に聞《き》きました!

サグリ
坪井俊輔《つぼいしゅんすけ》さん

宇宙社長《うちゅうしゃちょう》には、ひとりでも絶対《ぜったい》に成《な》しとげるという目標《もくひょう》と覚悟《かくご》が必要《ひつよう》です。

月《つき》や宇宙《うちゅう》ホテルに行《い》こう!

宇宙旅行《うちゅうりょこう》プランナー

宇宙《うちゅう》に旅行《りょこう》に行《い》く時代《じだい》はもうはじまっています。さらに旅行先《りょこうさき》も、どんな宇宙船《うちゅうせん》で行《い》くかも選《えら》べます。宇宙旅行《うちゅうりょこう》を計画《けいかく》し実現《じつげん》するのが宇宙旅行《うちゅうりょこう》プランナー。

もっとも手軽《てがる》なのは、**「宇宙《うちゅう》の入《い》り口《ぐち》」まで行《い》く日帰《ひがえ》りプラン**。高度約《こうどやく》80㎞から上空《じょうくう》が宇宙《うちゅう》とよばれますが、日帰《ひがえ》りプランはそのあたりまでのぼっておりてくる旅《たび》です。おもにふたつのコースがあり、カプセル型宇宙船《がたうちゅうせん》に乗《の》ってロケットでまっすぐ発射《はっしゃ》されるコースは、約《やく》10分《ぷん》の旅《たび》。もうひとつは飛行機型《ひこうきがた》の宇宙船《うちゅうせん》に乗《の》る約《やく》1時間半《じかんはん》の旅《たび》で、水平《すいへい》に離陸《りりく》・着《ちゃく》陸《りく》します。どちらも地球《ちきゅう》や宇宙《うちゅう》をながめ、**数分間《すうふんかん》の無重力体験《むじゅうりょくたいけん》**を楽《たの》しめます。「10分《ぷん》や1時間半《じかんはん》じゃ短《みじか》い!」という人《ひと》には、**国際宇宙《こくさいうちゅう》ステーション(ISS《アイエスエス》)**

この人《ひと》に聞《き》きました!

日本旅行《にほんりょこう》 中島修《なかじまおさむ》さん

日本《にほん》のロケット会社《がいしゃ》とだれもが行《い》ける宇宙旅行《うちゅうりょこう》プランをつくっています。

数分間《すうふんかん》の無重力体験《むじゅうりょくたいけん》を楽《たの》しむ民間旅行者《みんかんりょこうしゃ》。

ヴァージン・ギャラクティック社《しゃ》が開発《かいはつ》した宇宙船《うちゅうせん》「Unity《ユニティ》」。高度《こうど》80㎞以上《いじょう》まで上昇《じょうしょう》するよ。

への旅《たび》がおすすめ。ベテラン宇宙飛行士《うちゅうひこうし》が同行《どうこう》し、ISS《アイエスエス》に約《やく》1週間《しゅうかん》とまって宇宙食《うちゅうしょく》を食《た》べたり、無重力状態《むじゅうりょくじょうたい》で眠《ねむ》ったり、じっくり地球《ちきゅう》をながめたりと宇宙《うちゅう》の生活《せいかつ》を満喫《まんきつ》できます。ただし、宇宙《うちゅう》に行《い》く前《まえ》に、数《すう》か月間《げつかん》の訓練《くんれん》が必要《ひつよう》です。

月《つき》をぐるりとまわって帰《かえ》る旅行《りょこう》もあります。月《つき》は地球《ちきゅう》にいつも同《おな》じ面《めん》を見《み》せているため、**月《つき》のうら側《がわ》は月周回旅行《つきしゅうかいりょこう》でしか見《み》えません**。月《つき》の地平線《ちへいせん》から地《ち》球《きゅう》がのぼって見《み》える「**地球《ちきゅう》の出《で》**」は絶景《ぜっけい》です。ぜひ、目《め》に焼《や》きつけましょう。

宇宙旅行《うちゅうりょこう》プランナーは宇宙《うちゅう》のどこに、どんな宇宙《うちゅう》船《せん》で行《い》くか、値段《ねだん》はいくらにするかなど計画《けいかく》を立《た》て、宇宙企業《うちゅうきぎょう》と交渉《こうしょう》。旅行説明会《りょこうせつめいかい》を開《ひら》いてお客《きゃく》さんを募集《ぼしゅう》し、さまざまな手続《てつづ》きをして、宇宙《うちゅう》から無事《ぶじ》に帰《かえ》るまで見届《みとど》けます。これから民間《みんかん》の宇宙《うちゅう》ステーションや宇宙《うちゅう》ホテル、さらに月面基地《げつめんきち》ができると旅《たび》先《さき》は増《ふ》えていき、大《おお》いそがしになるはずです。

この人《ひと》に聞《き》きました!

日本旅行《にほんりょこう》
中島修《なかじまおさむ》さん

ロケット打《う》ち上《あ》げや星空《ほしぞら》の観察《かんさつ》など地球《ちきゅう》で宇宙《うちゅう》を体感《たいかん》する旅行《りょこう》もつくっています。

地球《ちきゅう》と宇宙《うちゅう》をつなぐ

スペースポート支配人《しはいにん》

宇宙旅行《うちゅうりょこう》に行《い》くとき、かならずおとずれるのがスペースポート（宇宙港《うちゅうこう》）。宇宙《うちゅう》への玄関口《げんかんぐち》で、旅行《りょこう》客《きゃく》や見送《みおく》りの家族《かぞく》や友《とも》だちが世界中《せかいじゅう》から集《あつ》まります。また宇宙機《うちゅうき》に燃料《ねんりょう》を入《い》れる人《ひと》や、整備《せいび》する人《ひと》なども働《はたら》いています。ロケットやスペースプレーンが安全《あんぜん》に離着陸《りちゃくりく》し、旅行客《りょこうきゃく》が旅《たび》を楽《たの》しめるように気《き》を配《くば》るのが、スペースポート支配人《しはいにん》です。

スペースポートはいま、日本《にっぽん》や世界《せかい》でどんどんつくられています。どんなところか、飛行機《ひこうき》の空港《くうこう》を想像《そうぞう》すれば、わかりやすいかもしれません。まず、宇宙旅行客《うちゅうりょこうきゃく》が出発前《しゅっぱつまえ》にとまるホテル、食事《しょくじ》や買《か》い物《もの》を楽《たの》しむレストランやショッピングセンター。出発《しゅっぱつ》前《まえ》に検査《けんさ》を受《う》ける病院《びょういん》や、旅行中《りょこうちゅう》の薬《くすり》をもらう薬局《やっきょく》

この人《ひと》に聞《き》きました!

SPACE COTAN《スペースコタン》
小田切義憲《おだぎりよしのり》さん

将来《しょうらい》は飛行機《ひこうき》のかわりにロケットに乗《の》って、超高速《ちょうこうそく》で外国《がいこく》に行《い》けるようになります。

北海道《ほっかいどう》大樹町《たいきちょう》に建設《けんせつ》が計画《けいかく》されている宇宙港《うちゅうこう》「北海道《ほっかいどう》スペースポート(HOSPO《ホスポ》)」のイメージ図《ず》。発射台《はっしゃだい》と滑走路《かっそうろ》があって、いろいろなタイプの宇《う》宙船《ちゅうせん》が飛《と》び立《た》てるよ。

もあるでしょう。デッキでは、滑走路《かっそうろ》や発射台《はっしゃだい》から飛《と》び立《た》つ旅行客《りょこうきゃく》をたくさんの人《ひと》たちが見守《みまも》ります。宇宙船《うちゅうせん》に燃料《ねんりょう》を入《い》れるしせつ、整備《せいび》や修理《しゅうり》をする工《こう》場《じょう》もあります。大《おお》きなスペースポートには宇宙《うちゅう》ミュージアムや、無重力《むじゅうりょく》を体験《たいけん》できるコーナーなど、アミューズメントしせつもあり、1日中遊《にちじゅうあそ》べます。

スペースポートは旅行客《りょこうきゃく》だけでなく、人工衛星《じんこうえいせい》や物資《ぶっし》を運《はこ》ぶ拠点《きょてん》でもあります。人工衛星《じんこうえいせい》の最終試験《さいしゅうしけん》や整備《せいび》をする建物《たてもの》、宇宙《うちゅう》でくらす宇宙飛行士《うちゅうひこうし》に届《とど》ける荷物《にもつ》を集《あつ》める建物《たてもの》もあります。地上《ちじょう》から宇宙《うちゅう》に物《もの》を運《はこ》ぶだけでなく、宇宙《うちゅう》から届《とど》く物《もの》もあります。たとえば宇宙工場《うちゅうこうじょう》でつくられた製品《せいひん》、宇宙実験《うちゅうじっけん》でつくられた実験《じっけん》サンプルなど。それらを点検《てんけん》したり、研《けん》究者《きゅうしゃ》が調《しら》べたりする研究《けんきゅう》スペースもあります。

このようにスペースポートにはたくさんの人《ひと》が集《あつ》まります。彼《かれ》らが交流《こうりゅう》し、**新《あたら》しい発見《はっけん》やしごとが生《う》まれる**ようにするのも支配人《しはいにん》のしごとです。

この人《ひと》に聞きました!

SPACE COTAN《スペースコタン》
小田切義憲《おだぎりよしのり》さん

ロケットを打《う》ち上《あ》げる方角《ほうがく》、東《ひがし》と南《みなみ》に海《うみ》が広《ひろ》がる大樹町《たいきちょう》は宇宙港《うちゅうこう》にむいている場所《ばしょ》です。

宇宙《うちゅう》でおいしいごはんを

宇《う》宙《ちゅう》食《しょく》シェフ

おいしいごはんを食《た》べると元気《げんき》になるのは、宇宙《うちゅう》でも同《おな》じ。宇宙《うちゅう》でいそがしく働《はたら》く宇宙飛行士《うちゅうひこうし》にとって、宇宙食《うちゅうしょく》は体《からだ》の栄養《えいよう》だけでなく心《こころ》の栄養《えいよう》にもなります。おいしい宇宙食《うちゅうしょく》を食《た》べることで、ストレスがやわらぎ、やる気《き》を出《だ》すことができるのです。

現在《げんざい》、国際宇宙《こくさいうちゅう》ステーション（ＩＳＳ《アイエスエス》）にある宇《う》宙食《ちゅうしょく》メニューは３００種類以上《しゅるいいじょう》。アメリカ、ロシアの宇宙食《うちゅうしょく》が中心《ちゅうしん》で、ステーキや照《て》り焼《や》きチキン、デザートもあります。宇宙日本食《うちゅうにほんしょく》も人気《にんき》です。カレーやラーメン、焼《や》き鳥《とり》、きんぴらごぼうなど、日本《にっぽん》の家庭《かてい》の味《あじ》が海外《かいがい》の宇宙飛行士《うちゅうひこうし》にも好《この》まれています。**高校生《こうこうせい》が開発《かいはつ》したさばの缶《かん》づめ**もあります。

将来《しょうらい》、世界中《せかいじゅう》の人《ひと》たちが宇宙《うちゅう》に旅行《りょこう》やしごとで行《い》

この人《ひと》に聞きました！

チームゆら
増田結桜《ますだゆら》さん

開発中《かいはつちゅう》に味見《あじみ》をするときは、宇宙《うちゅう》での感覚《かんかく》を再現《さいげん》するために鼻《はな》をつまみます！

宇宙《うちゅう》日本食《にほんしょく》のなかでも人気《にんき》のラーメンをISS《アイエスエス》で食《た》べる油井亀美也《ゆいきみや》宇宙飛行士《うちゅうひこうし》。

くようになれば、もっとさまざまな種類《しゅるい》や味《あじ》の宇宙《うちゅう》食《しょく》メニューが求《もと》められるでしょう。そこで、宇宙食《うちゅうしょく》シェフの出番《でばん》です。

宇宙食《うちゅうしょく》づくりで気《き》をつける点《てん》はたくさんあります。まず宇宙《うちゅう》で食中毒《しょくちゅうどく》を起《お》こさないこと。そのために衛《えい》**生的《せいてき》であること**が大事《だいじ》です。そして**栄養《えいよう》があること**。また、細《こま》かい粉《こな》や水分《すいぶん》が飛《と》び散《ち》ると機械《きかい》に入《はい》りこんでしまうので、**飛《と》び散《ち》らないようにとろみをつける**などくふうが必要《ひつよう》です。無重力状態《むじゅうりょくじょうたい》では血液《けつえき》が頭《あたま》のほうにのぼって、鼻《はな》がつまったように感《かん》じるので、**こい味《あじ》つけ**が好《この》まれます。ISS《アイエスエス》では現在《げんざい》、火《ひ》を使《つか》った料理《りょうり》はできませんが、キッチンで料理《りょうり》ができるようになれば、メニューはさらに広《ひろ》がるでしょう。

宇宙食《うちゅうしょく》シェフになるには、食品《しょくひん》や栄養《えいよう》、衛生《えいせい》の知《ち》識《しき》が必要《ひつよう》です。なにより、宇宙《うちゅう》でもっとおいしい食《しょく》事《じ》を食《た》べてもらうにはどうしたらいいかを考《かんが》える、探求心《たんきゅうしん》が大事《だいじ》です。

この人《ひと》に聞《き》きました！

チームゆら
増田結桜《ますだゆら》さん

パッケージは地球《ちきゅう》が思《おも》い出《だ》せるようなデザインにしたいと思《おも》っています。

に宇宙《うちゅう》食《しょく》づくり

宇《う》宙《ちゅう》食《しょく》シェフ

増田結桜

ますだ ゆら

一般社団法人《いっぱんしゃだんほうじん》

チームゆら リーダー

大学生《だいがくせい》や社会人《しゃかいじん》のメンバーと「チームゆら」を設立《せつりつ》し、静岡《しずおか》の食材《しょくざい》を使《つか》った宇宙食《うちゅうしょく》の実現《じつげん》を目指《めざ》している。

静岡《しずおか》のみかんを宇宙《うちゅう》に届《とど》けたい

小学《しょうがく》4年生《ねんせい》から、本気《ほんき》で宇宙食《うちゅうしょく》「みかんゼリー」を開発《かいはつ》しています。きっかけはある本《ほん》との出会《であ》い。JAXA《ジャクサ》の宇宙食担当者《うちゅうしょくたんとうしゃ》の「宇宙食《うちゅうしょく》のしごとは、宇宙飛行士《うちゅうひこうし》に元気《げんき》と笑顔《えがお》を届《とど》けられます」という言葉《ことば》に感動《かんどう》し、静岡《しずおか》のおいしいものを宇宙《うちゅう》で食《た》べてほしいと思《おも》ったんです。

塾《じゅく》の先生《せんせい》から「つくってみれば？」と後押《あとお》しされ、つくることに。私《わたし》は甘酸《あまず》っぱい静岡《しずおか》のみかんが大好《だいす》きで、その食感《しょっかん》や風味《ふうみ》を大事《だいじ》にした宇宙食《うちゅうしょく》への挑戦《ちょうせん》がはじまりました。

でも宇宙食《うちゅうしょく》ってなにに気《き》をつければいいんだろう。迷《まよ》った私《わたし》は、宇宙食《うちゅうしょく》をつくった人《ひと》に聞《き》いてみることにしました。まず連絡《れんらく》したのは若狭高校《わかさこうこう》。高校生《こうこうせい》が開発《かいはつ》したさばの缶《かん》づめがJAXA《ジャクサ》から正式《せいしき》な宇宙食《うちゅうしょく》に認《みと》められ、野口聡一《のぐちそういち》飛行士《ひこうし》が宇宙《うちゅう》で食《た》べたことで話題《わだい》になった学校《がっこう》です。缶《かん》づめをつ

小《しょう》学《がく》4年《ねん》生《せい》のころから真《しん》剣《けん》!

くった高校生《こうこうせい》と先生《せんせい》から大事《だいじ》なヒントをもらいました。宇宙食《うちゅうしょく》は水分《すいぶん》が飛《と》び散《ち》らないようにとろみをつけないといけないのですが、とろみづけの材《ざい》料《りょう》になにを使《つか》うかです。さっそく「とろみ」との格闘《かくとう》がはじまりました。みかんゼリーは固《かた》すぎると食感《しょっかん》がよくないし、柔《やわ》らかすぎるとジュースのようになってしまう。いろいろな材料《ざいりょう》を試《ため》していたとき、宇宙食《うちゅうしょく》をつくる食品会社《しょくひんがいしゃ》の社長《しゃちょう》さんから、さらに課題《かだい》が。「宇宙食《うちゅうしょく》は（衛生《えいせい》のため）熱殺菌《ねっさっきん》しないといけない」というのです。熱《ねつ》で殺菌《さっきん》すると、一度固《いちどかた》まったゼリーがどろどろになります。それではゼリーとは言《い》えません。悩《なや》みながら、キッチンで何度《なんど》もみかんゼリーづくりをくり返《かえ》しました。

350回以上《かいいじょう》みかんゼリーをつくって、ようやくちょうどよいとろみがつく材料《ざいりょう》が見《み》つかりました。海藻《かいそう》からつくられたもので、熱殺菌《ねっさっきん》をしたあともちゃんと固《かた》まって、プルンとした食感《しょっかん》が楽《たの》しめます。「とろみ」「熱殺菌《ねっさっきん》」という難題《なんだい》を乗《の》りこえたときは、本当《ほんとう》にうれしかった!

大変《たいへん》だからこそ やりがいを感《かん》じた

その後《ご》もさまざまな困難《こんなん》がありましたが、やめたいと思《おも》ったことはありません。日本中《にっぽんじゅう》で宇宙食《うちゅうしょく》をつくる人《ひと》たちの話《はなし》を聞《き》くうち、「私《わたし》も絶対《ぜったい》に宇《う》宙食《ちゅうしょく》をつくりたい!」と決心《けっしん》したのです。大変《たいへん》だからこそ、やりがいを感《かん》じました。私《わたし》はもともと、引《ひ》っこみ思案《じあん》でした。でもドリームマップ®という自分《じぶん》の夢《ゆめ》を書《か》くシートに「宇宙食《うちゅうしょく》をつくる人《ひと》になる」と書《か》き、いつもながめることで目標《もくひょう》にむかってがんばってこられました。いまは大学生《だいがくせい》や社《しゃ》会人《かいじん》に参加《さんか》してもらって「チームゆら」を結成《けっせい》し、仲間《なかま》たちと正式《せいしき》な宇宙食《うちゅうしょく》に認《みと》めてもらうことを目《め》指《ざ》しています。私《わたし》が本《ほん》で宇宙食《うちゅうしょく》に出合《であ》ったように、このインタビューで宇宙食《うちゅうしょく》に興味《きょうみ》をもってくれる人《ひと》がいたらうれしいです。宇宙食《うちゅうしょく》をつくりたいと思《おも》ったら、まわりの人《ひと》に夢《ゆめ》を話《はな》して相談《そうだん》するなど、行動《こうどう》をはじめてみてくださいね。

宇宙《うちゅう》でもおしゃれに

宇宙《うちゅう》コスメクリエイター

宇宙《うちゅう》に行《い》ってもきれいでいたい。宇宙旅行《うちゅうりょこう》では写真《しゃしん》をたくさん撮《と》るからなおさらですね。宇宙用《うちゅうよう》の化粧品《けしょうひん》を開発《かいはつ》するのが、宇宙《うちゅう》コスメクリエイターです。

宇宙《うちゅう》コスメは、地上《ちじょう》のコスメとちがう点《てん》があります。たとえば、細《こま》かい粉《こな》が飛《と》び散《ち》ると機械《きかい》の故障《こしょう》につながるので、**粉《こな》は使《つか》えません**。また、地上《ちじょう》の化粧品《けしょうひん》の多《おお》くには**アルコール成分《せいぶん》**が使《つか》われていますが、**発火《はっか》する可能性《かのうせい》があるのでNG《エヌジー》**です。宇宙船《うちゅうせん》のなかはつねにファンで空気《くうき》を循環《じゅんかん》させているので乾燥《かんそう》しています。お肌《はだ》がしっとりする成分《せいぶん》が入《はい》ったクリームなどが喜《よろこ》ばれます。無重力状態《むじゅうりょくじょうたい》で化粧品《けしょうひん》の小《ちい》さなふたなどが飛《と》んでいかないように、容器《ようき》やメイクの仕方《しかた》にもくふうが必要《ひつよう》ですね。

宇宙《うちゅう》アメニティクリエイター

シャンプーシートを使《つか》う若田光一《わかたこういち》宇宙飛行士《うちゅうひこうし》。

生活用品《せいかつようひん》のくふう次第《しだい》で、宇宙《うちゅう》のくらしはぐっと快適《かいてき》になります。そんな生活用品《せいかつようひん》を開発《かいはつ》するのが宇宙《うちゅう》アメニティクリエイター。たとえば宇宙《うちゅう》では水《みず》が貴重《きちょう》で、ISS《アイエスエス》にはシャワーやおふろがありません。宇宙《うちゅう》ホテルができても毎日《まいにち》シャワーを浴《あ》びるのはむずかしいでしょう。**シャンプーをしみこませた突起《とっき》型《がた》のシート**でマッサージしながら洗髪《せんぱつ》できる製品《せいひん》は、実際《じっさい》に宇宙《うちゅう》で使《つか》われています。ほかにも**飲《の》みこめる歯《は》みがき粉《こ》**、**汗《あせ》をとりのぞきさっぱり感《かん》が得《え》られるボディ用《よう》ペーパー**、**水《みず》を使《つか》わず衣類《いるい》を洗濯《せんたく》できる製品《せいひん》**などが開発《かいはつ》されています。宇宙《うちゅう》に行《い》く人《ひと》が増《ふ》えれば、せまい宇宙船内《うちゅうせんない》で自分《じぶん》だけが楽《たの》しめる香《かお》りなど、いやしグッズも求《もと》められるでしょう。

タイムスリップ
これが未《み》来《らい》の宇《う》宙《ちゅう》ホテル！
宇宙《うちゅう》ステーションは、将来《しょうらい》いろいろな人《ひと》がすごす場所《ばしょ》になるよ！
宇宙《うちゅう》ウェディング
宇宙《うちゅう》ホテルパイロット
LIVE
宇宙《うちゅう》アイドル
SF《エスエフ》映画《えいが》撮影《さつえい》チーム
補給船《ほきゅうせん》

快眠《かいみん》セラピスト
宇宙《うちゅう》アロマセラピスト
宇宙食《うちゅうしょく》シェフ
無重力《むじゅうりょく》アスリート
無重力《むじゅうりょく》おふろスーツ
宇宙遊泳《うちゅうゆうえい》インストラクター

宇宙《うちゅう》ロボットエンジニア

ロボットは頼《たの》もしいパートナー

宇宙《うちゅう》は空気《くうき》がない上《うえ》に温度変化《おんどへんか》がはげしく、人間《にんげん》にとってきびしい環境《かんきょう》です。でも**ロボットなら、そんな環境《かんきょう》でも平気《へいき》。**ロボットは宇宙飛行士《うちゅうひこうし》を助《たす》け、いっしょに働《はたら》く心強《こころづよ》い仲間《なかま》になります。宇宙《うちゅう》ロボットを開発《かいはつ》するのが宇宙《うちゅう》ロボットエンジニアです。

ロボットが宇宙《うちゅう》で活躍《かつやく》する場面《ばめん》はたくさんあります。たとえば月面《げつめん》。2024年《ねん》1月《がつ》にJAXA《ジャクサ》の月《つき》着陸機《ちゃくりくき》SLIM《スリム》が月《つき》に着陸《ちゃくりく》したときに、「SORA-Q《ソラキュー》」という小《ちい》さなロボットが着陸後《ちゃくりくご》のSLIM《スリム》の写真《しゃしん》を撮《と》ることに成功《せいこう》しました。**SORA-Q《ソラキュー》はJAXA《ジャクサ》やおもちゃ会社《がいしゃ》などが開発《かいはつ》した野球《やきゅう》ボールほどの超《ちょう》小型《こがた》ロボット。**小《ちい》さく軽《かる》くつくる方法《ほうほう》、変形《へんけい》の仕方《しかた》などにおもちゃの技術《ぎじゅつ》がいかされています。月面《げつめん》に

この人《ひと》に聞《き》きました!

JAXA《ジャクサ》 大塚聡子《おおつかあきこ》さん

「きぼう」のロボットアームは2009年《ねん》から事《じ》故《こ》なく人工衛星《じんこうえいせい》の放出《ほうしゅつ》などで活躍《かつやく》しています!

▲JAXA《ジャクサ》やタカラトミーなどが開発《かいはつ》したSORA-Q《ソラキュー》がとらえた着陸後《ちゃくりくご》のSLIM《スリム》。

SORA-Q《ソラキュー》

◀全長約《ぜんちょうやく》8㎝、質量《しつりょう》228g。「SORA-Q《ソラキュー》」は愛称《あいしょう》で、正式名称《せいしきめいしょう》は変形型月面《へんけいがたげつめん》ロボット（LEV-2《レブツー》）。

着陸《ちゃくりく》すると変形《へんけい》して出《で》てきた車輪《しゃりん》で月面《げつめん》を走《はし》り、SLIM《スリム》を探《さが》して写真《しゃしん》を撮影《さつえい》した、かしこいロボットです。将来《しょうらい》は、月面基地《げつめんきち》を建設《けんせつ》するロボット、月面《げつめん》を探査《たんさ》するロボットなど、さまざまなロボットの活躍《かつやく》が期待《きたい》されています。

宇宙《うちゅう》ステーションでも機器《きき》の組《く》み立《た》てや修理《しゅうり》、点検《てんけん》など宇宙空間《うちゅうくうかん》での危険《きけん》な作業《さぎょう》はロボットの出番《でばん》です。実験装置《じっけんそうち》の交換《こうかん》もできます。さらに宇宙飛行士《うちゅうひこうし》がやっている家事《かじ》を代行《だいこう》するロボットや、人工衛星《じんこうえいせい》に燃料《ねんりょう》を補給《ほきゅう》したり、修理《しゅうり》したりして衛星《えいせい》を長《なが》く使《つか》えるようにするロボット、宇宙空間《うちゅうくうかん》のゴミを回収《かいしゅう》するロボットなど、いろいろな使《つか》い方《かた》が計画《けいかく》されています。

ロボットをつくるには**ロボット工学《こうがく》**、**ロボットの頭脳《ずのう》となる人工知能《じんこうちのう》やロボットを動《うご》かすソフトウェアの知識《ちしき》**などが必要《ひつよう》です。新《あたら》しい発想《はっそう》でロボットを使《つか》えば、宇宙《うちゅう》でできることは広《ひろ》がっていくでしょう。

この人《ひと》に聞《き》きました！

タカラトミー 赤木謙介《あかぎけんすけ》さん

SORA-Q《ソラキュー》は研究《けんきゅう》がはじまってから8年《ねんちか》近くかけて月《つき》に着陸《ちゃくりく》したんだ。

太陽《たいよう》の爆発《ばくはつ》を予測《よそく》せよ!

宇《う》宙《ちゅう》天《てん》気《き》予《よ》報《ほう》士《し》

地球《ちきゅう》に天気《てんき》があるように、宇宙《うちゅう》にも「天気《てんき》」とよばれるものがあります。宇宙《うちゅう》の天気《てんき》は私《わたし》たちの生活《せいかつ》にえいきょうをあたえることがあります。そこで宇《う》宙《ちゅう》の天気《てんき》を予報《よほう》するのが「宇宙天気予報士《うちゅうてんきよほうし》」です。

空気《くうき》のない宇宙《うちゅう》では、地上《ちじょう》のように雨《あめ》や雪《ゆき》がふることはありません。ただし太陽《たいよう》からは、**太陽風《たいようふう》とよばれる電気《でんき》を帯《お》びた粒子《りゅうし》（プラズマ）**がふいています。そして気《き》をつけなければならないのが、太陽表《たいようひょう》面《めん》でときどき起《お》こる**「フレア」**とよばれる大爆発《だいばくはつ》。太陽《たいよう》フレアが起《お》こると、ふだんより高《たか》い密度《みつど》の太陽《たいよう》風《ふう》や放射線《ほうしゃせん》などが放出《ほうしゅつ》されます。これらが地球《ちきゅう》のまわりにやってきて地球《ちきゅう》の磁場《じば》をみだし、嵐《あらし》（磁気《じき》嵐《あらし》）を発生《はっせい》させることがあるのです。

この人《ひと》に聞きました!

いばらき宇宙天気研究所《うちゅうてんきけんきゅうじょ》
玉置晋《たまおきすすむ》さん

宇宙天気《うちゅうてんき》の知識《ちしき》をもつ人《ひと》を育《そだ》てる学校《がっこう》をつくるためにがんばっています!

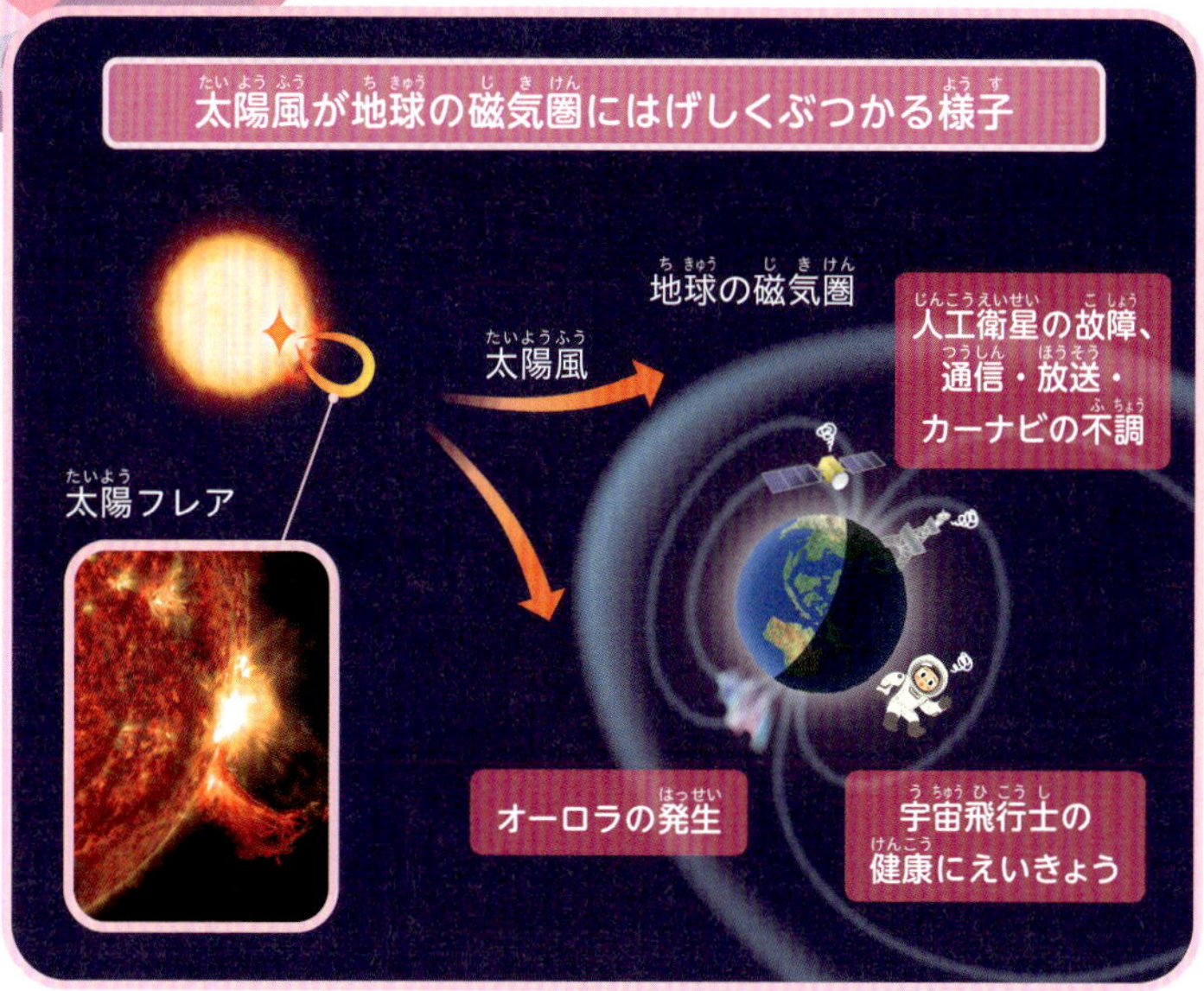

この磁気嵐《じきあらし》などによって人工衛星《じんこうえいせい》が故障《こしょう》し、通信《つうしん》や放送《ほうそう》、カーナビの調子《ちょうし》が悪《わる》くなったり使《つか》えなくなったりするおそれがあります。過去《かこ》には、地上《ちじょう》で大規模《だいきぼ》な停電《ていでん》が起《お》きたことも。ふだんオーロラが見《み》えない地域《ちいき》でオーロラが見《み》えることもあります。また大量《たいりょう》の放射線《ほうしゃせん》が飛《と》んできて、宇宙飛行士《うちゅうひこうし》たちの健康《けんこう》に悪《あく》えいきょうをおよぼすことがあるため、宇宙《うちゅう》ステーションや月面基地《げつめんきち》にいる人《ひと》たちは外《そと》に出《で》るのをやめ、放射線《ほうしゃせん》を防《ふせ》ぐ部屋《へや》に避難《ひなん》します。

このように、太陽《たいよう》フレアは宇宙《うちゅう》や地上《ちじょう》の活動《かつどう》にえいきょうをあたえます。そこで宇宙天気予報士《うちゅうてんきよほうし》は太陽《たいよう》の様子《ようす》をつねに監視《かんし》し、太陽《たいよう》フレアが起《お》こったら、いつごろ地球《ちきゅう》に飛《と》んでくるか、どんなえいきょうがありそうか、世界中《せかいじゅう》に知《し》らせます。太陽《たいよう》フレアのえいきょうが出《で》る前《まえ》に予報《よほう》が出《だ》せるよう、研究《けんきゅう》が進《すす》められています。将来《しょうらい》はテレビやネットで毎日《まいにち》、「宇宙天気予報《うちゅうてんきよほう》」が流《なが》れるかもしれませんね。

この人《ひと》に聞きました!

いばらき宇宙天気研究所《うちゅうてんきけんきゅうじょ》
玉置晋《たまおきすすむ》さん

エンジニアとして人工衛星《じんこうえいせい》がこわれるのを見《み》て、宇宙天気《うちゅうてんき》を研究《けんきゅう》しようと決《き》めました。

宇宙《うちゅう》のそうじ屋《や》さん

スペースデブリハンター

宇宙《うちゅう》に「スペースデブリ（宇宙《うちゅう》ゴミ）」とよばれるゴミがたくさん飛《と》んでいて、大問題《だいもんだい》になっているのを知《し》っていますか？　そのゴミをそうじするのが「スペースデブリハンター」です。

スペースデブリの正体《しょうたい》は、役目《やくめ》が終《お》わった人工衛星《じんこうえいせい》、ロケットの一部《いちぶ》などの部品《ぶひん》です。その数《かず》は、地上《ちじょう》からどこを飛《と》んでいるか観測《かんそく》できるもの（10㎝以上《いじょう》）で約《やく》4万個《まんこ》、観測《かんそく》がむずかしいサイズ（1㎜～10㎝未満《みまん》）は1億個以上《おくこいじょう》もあり、増《ふ》え続《つづ》けています。宇宙《うちゅう》を飛《と》ぶ人工物体《じんこうぶったい》の9割《わり》は、スペースデブリだと考《かんが》えられています。「小《ちい》さいならだいじょうぶでは？」と思《おも》うかもしれませんが、スペースデブリは超高速《ちょうこうそく》で飛《と》んでいます（約《やく》1分《ぶん》で東京《とうきょう》から大阪《おおさか》に着《つ》

この人《ひと》に聞《き》きました！

アストロスケール
伊藤美樹《いとうみき》さん

宇宙《うちゅう》ゴミを実際《じっさい》にとりのぞくことには、まだ世界《せかい》でだれも成功《せいこう》していません！

世界《せかい》ではじめて撮影《さつえい》されたスペースデブリ。その正体《しょうたい》は、切《き》りはなされたH-ⅡA《エイチ ツーエー》ロケットの第《だい》2段《だん》。

く速《はや》さ）。そのため小《ちい》さなデブリでも人工衛星《じんこうえいせい》にぶつかると、故障《こしょう》させることがあるのです。実際《じっさい》にデブリが人工衛星《じんこうえいせい》に衝突《しょうとつ》したことがあります。

人工衛星《じんこうえいせい》は天気予報《てんきよほう》やカーナビなどに使《つか》われていて、こわれると私《わたし》たちの生活《せいかつ》は大《おお》きなえいきょうを受《う》けます。デブリをなるべく早《はや》く減《へ》らさなければなりません。デブリを減《へ》らすにはふたつのアプローチが必要《ひつよう》です。ひとつは、いま宇宙《うちゅう》にある大《おお》きなデブリをとりのぞくこと、もうひとつはこれ以上《いじょう》デブリを出《だ》さないようにすることです。

大《おお》きなデブリをとりのぞくには、おそうじ衛星《えいせい》がデブリに接近《せっきん》し、ロボットアームでつかんで、地球《ちきゅう》大気圏《たいきけん》に突入《とつにゅう》させ高熱《こうねつ》で燃《も》やす方法《ほうほう》、レーザーを当《あ》ててデブリの速度《そくど》を落《お》とすことで高度《こうど》を下《さ》げ、地球《ちきゅう》大気圏《たいきけん》で燃《も》やす方法《ほうほう》などが考《かんが》えられています。人類《じんるい》が宇宙《うちゅう》に進出《しんしゅつ》するために、宇宙《うちゅう》のゴミ問題《もんだい》は解決《かいけつ》しなければなりません。とても大切《たいせつ》なしごとです。

この人《ひと》に聞《き》きました!

アストロスケール 伊藤美樹《いとうみき》さん

宇宙《うちゅう》ゴミどうしがぶつかってさらに細《こま》かい宇宙《うちゅう》ゴミが散《ち》らばってしまうことも問題《もんだい》です。

にはさせない！

スペースデブリハンター

伊藤美樹

いとう みき

株式会社《かぶしきがいしゃ》アストロスケール
上級副社長《じょうきゅうふくしゃちょう》

宇宙《うちゅう》ゴミのそうじにとりくんでいる会社《かいしゃ》、アストロスケール社《しゃ》で経営《けいえい》や開発《かいはつ》のリーダーシップをとっている。

本物《ほんもの》の宇宙《うちゅう》ゴミをはじめて見《み》たしょうげき

スペースデブリとはいったいどんなもので、どんな形《かたち》をしているのでしょう？　これまでだれも実際《じっさい》に見《み》たことがありませんでしたが、私《わたし》たちの会社《かいしゃ》が開発《かいはつ》した人工衛星《じんこうえいせい》「ADRAS《アドラス》-J《ジェイ》」が世界《せかい》ではじめて、スペースデブリに近《ちか》づき、その様子《ようす》を撮影《さつえい》することに成功《せいこう》しました。

その映像《えいぞう》を見《み》て、頭《あたま》ではわかっていたものの、私《わたし》は「デブリは本当《ほんとう》に存在《そんざい》しているんだ！」と実《じっ》感《かん》しました。今回接近《こんかいせっきん》したデブリはH《エイチ》-ⅡA《ツーエー》ロケットの第《だい》2段《だん》。２００９年《ねん》に打《う》ち上《あ》げられ15年間《ねんかん》も地球《ちきゅう》のまわりをまわっていました。大《おお》きさは11mありますが、地球《ちきゅう》からの観測《かんそく》では点《てん》にしか見《み》えません。衛星《えいせい》が接近《せっきん》してはじめてくわしい様子《ようす》がわかります。

スペースデブリに近《ちか》づくのはとてもむずかしい技術《ぎじゅつ》です。デブリは自分《じぶん》の位置《いち》をしめす電波《でんぱ》も発《はっ》

宇《う》宙《ちゅう》をゴミだらけ

信《しん》しておらず、正確《せいかく》な位置《いち》がわからないのです。それでもＡＤＲＡＳ《アドラス》－Ｊ《ジェイ》はデブリに50ｍの距離《きょり》まで近《ちか》づき、くわしく撮影《さつえい》できました。「うちの技術者《ぎじゅつしゃ》はすごいなぁ」とあらためて尊敬《そんけい》しました。次《つぎ》は、いよいよそのデブリをロボットアームでつかまえて、大気圏《たいきけん》までおろしてきて燃《も》やすことに挑戦《ちょうせん》します。

スペースデブリをめぐる対応《たいおう》は、地上《ちじょう》の道路《どうろ》にたとえることができます。自動車《じどうしゃ》が増《ふ》えて交通事《こうつうじ》故《こ》が起《お》こるようになると、交通《こうつう》ルールや車《くるま》が故障《こしょう》したときのロードサービスが整備《せいび》され、事故《じこ》が減《へ》って車《くるま》は安全《あんぜん》に走《はし》れるようになりました。しかし宇宙《うちゅう》はまだその状態《じょうたい》になっていません。現在《げんざい》、人《じん》工衛星《こうえいせい》は燃料《ねんりょう》がなくなったり、こわれたりしたら宇宙《うちゅう》に置《お》きっぱなし。宇宙《うちゅう》にも交通《こうつう》ルールが必要《ひつよう》だし、こわれた人工衛星《じんこうえいせい》をどけるレッカー車《しゃ》の役《やく》割《わり》をする衛星《えいせい》や、燃料《ねんりょう》を補給《ほきゅう》するガソリンスタンドのような衛星《えいせい》があるといい。私《わたし》たちは宇宙《うちゅう》でそんな世界《せかい》をつくろうとがんばっています。

未来《みらい》のためにがんばるワクワク

小《ちい》さいころは絵《え》を描《か》くのが好《す》きで、将来《しょうらい》の夢《ゆめ》はイラストレーター。でも中学生《ちゅうがくせい》のときに映画《えいが》『インデペンデンス・デイ』で見《み》た宇宙船《うちゅうせん》の美《うつく》しさに感動《かんどう》し、「宇宙《うちゅう》で物《もの》をつくる人《ひと》になろう」と目標《もくひょう》が変《か》わりました。大学卒業後《だいがくそつぎょうご》、人工衛星《じんこうえいせい》のエンジニアとして働《はたら》いていたころ、いまの会社《かいしゃ》に誘《さそ》われました。当時《とうじ》はデブリをそうじしようとする会社《かいしゃ》は世界《せかい》になかったし、技術《ぎじゅつ》もむずかしく、本当《ほんとう》にしごとになるのかもわかりませんでした。でも私《わたし》は不安《ふあん》より、ワクワクでいっぱいでした。「宇宙《うちゅう》ゴミの問題《もんだい》を放《ほう》っておいたら宇宙《うちゅう》は使《つか》えなくなる。将来《しょうらい》の人類《じんるい》のためにがんばろう！」と。いまもむずかしいことはいっぱいですが、世界《せかい》でだれもできないことに挑《いど》むやりがいを感《かん》じています。ゼロから1をつくる、あきらめずに新《あたら》しいことに挑戦《ちょうせん》する人《ひと》が仲間《なかま》になってくれることを願《ねが》っています。

小惑星《しょうわくせい》から地球《ちきゅう》を守《まも》れ！

惑《わく》星《せい》防《ぼう》衛《えい》隊《たい》

小惑星《しょうわくせい》などの**天体《てんたい》の衝突《しょうとつ》から地球《ちきゅう》を守《まも》る**活動《かつどう》を行《おこな》うのが、惑星防衛隊《わくせいぼうえいたい》です。そんなにひんぱんに衝突《しょうとつ》するの？　と思《おも》うかもしれません。太陽系《たいようけい》には約《やく》１４０万個《まんこ》の小惑星《しょうわくせい》が発見《はっけん》されていて、直径《ちょっけい》50ｍ程《てい》度《ど》の小惑星《しょうわくせい》は、１００～１０００年《ねん》に1回《かい》の割合《わりあい》で地球《ちきゅう》に衝突《しょうとつ》すると考《かんが》えられています。実際《じっさい》、１９０８年《ねん》にはシベリア・ツングースカ上空《じょうくう》で直径約《ちょっけいやく》60ｍのいん石《せき》が爆発《ばくはつ》、東京都《とうきょうと》とほぼ同《おな》じ面積《めんせき》の森林《しんりん》が倒《たお》されました。約《やく》６６００万年前《まんねんまえ》の**恐竜絶滅《きょうりゅうぜつめつ》を引《ひ》き起《お》こしたのは、直径約《ちょっけいやく》10㎞の小惑星《しょうわくせい》**と推定《すいてい》されます。

地上《ちじょう》に大《おお》きなひがいをもたらす天体衝突《てんたいしょうとつ》が、いつ起《お》こるかわからないと不安《ふあん》ですね。だからこそ惑星《わくせい》防衛隊《ぼうえいたい》が必要《ひつよう》なのです。

この人《ひと》に聞《き》きました！  JAXA《ジャクサ》 吉《よし》川《かわ》真《まこと》さん

小《ち》さな小惑星《しょうわくせい》は衝突直前《しょうとつちょくぜん》にならないと見《み》つからないので、その場合《ばあい》は避難《ひなん》をうながします。

直径約《ちょっけいやく》30~50mの天体衝突《てんたいしょうとつ》

バリンジャー・クレーター（アメリカ）

約《やく》5万年前《まんねんまえ》の天体衝突《てんたいしょうとつ》によって、半径《はんけい》14～22kmにわたってなにもない荒《こう》野《や》になった。

直径約《ちょっけいやく》10kmの天体衝突《てんたいしょうとつ》

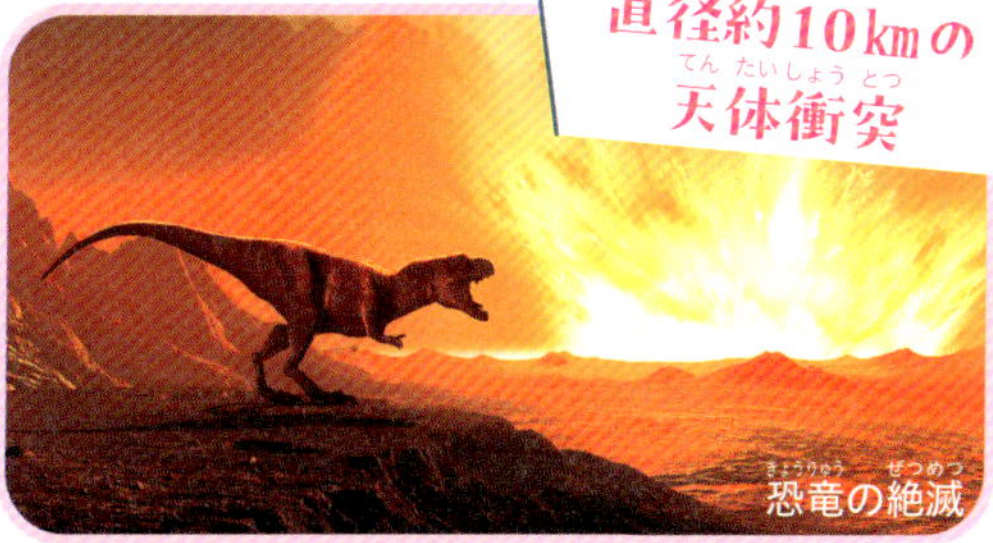
恐竜《きょうりゅう》の絶滅《ぜつめつ》

地球《ちきゅう》に接近《せっきん》する10km以上《いじょう》の天体《てんたい》はほぼ発《はっ》見《けん》されていて、近《ちか》い将来《しょうらい》は衝突《しょうとつ》することがないとわかっているよ。

3章《しょう》
宇宙《うちゅう》ビジネスのおしごと
惑星防衛隊《わくせいぼうえいたい》

天体衝突《てんたいしょうとつ》を防《ふせ》ぐ活動《かつどう》は、まず地球《ちきゅう》に近《ちか》づく小惑星《しょうわくせい》をなるべく早《はや》く探《さが》すことからはじまります。世界中《せかいじゅう》で観測《かんそく》していますが、小《ちい》さな小惑星《しょうわくせい》を地上《ちじょう》から見《み》つけるのは大変《たいへん》です。そこでNASA《ナサ》は2027年《ねん》に「**NEO《ネオ》サーベイヤー**」という専用《せんよう》の望遠鏡《ぼうえんきょう》を宇宙《うちゅう》に打《う》ち上《あ》げる予定《よてい》です。地球《ちきゅう》に衝突《しょうとつ》する可能性《かのうせい》のある小惑星《しょうわくせい》が見《み》つかったら、性質《せいしつ》をよく調《しら》べて、どんな対策《たいさく》をとるか計画《けいかく》します。300m以下《いか》で衝突《しょうとつ》まで時間《じかん》があれば、**探査機《たんさき》をぶつけて、小惑星《しょうわくせい》の軌道《きどう》を変《か》える方法《ほうほう》**が考《かんが》えられています。すでにNASA《ナサ》は2022年《ねん》9月《がつ》、小惑星《しょうわくせい》の軌道《きどう》を変《か》えられるか実験《じっけん》するために小惑星《しょうわくせい》ディモルフォスへ探査機《たんさき》DART《ダート》を衝突《しょうとつ》させました。その後《ご》、小惑星《しょうわくせい》の表面《ひょうめん》がどうなったかなど欧州《おうしゅう》の探査機《たんさき》Hera《ヘラ》がくわしく観察《かんさつ》する予定《よてい》で、日本《にっぽん》も協力《きょうりょく》しています。

小惑星《しょうわくせい》の軌道《きどう》を変《か》える研究《けんきゅう》ははじまったばかり。まずは小惑星《しょうわくせい》をよく知《し》るための探査《たんさ》が進行中《しんこうちゅう》です。

この人《ひと》に聞《き》きました！

JAXA《ジャクサ》 尾崎直哉《おざきなおや》さん

いくつかの探査機《たんさき》を宇宙《うちゅう》に置《お》き、地球《ちきゅう》に衝突《しょうとつ》しうる小惑星《しょうわくせい》に接近《せっきん》し偵察《ていさつ》する計画《けいかく》を考《かんが》えています。

宇宙開発《うちゅうかいはつ》のルールをつくる

スペースロイヤー

宇宙《うちゅう》ビジネス分野《ぶんや》で活躍《かつやく》する弁護士《べんごし》、それがスペースロイヤーです。たとえば人工衛星《じんこうえいせい》をロケットで打《う》ち上《あ》げたい企業《きぎょう》と、ロケット会社《がいしゃ》とのあいだでむすぶ契約書《けいやくしょ》をつくったり、人工衛星《じんこうえいせい》がこわれてしまったときのもめごとを解決《かいけつ》したり、さまざまな交渉《こうしょう》をサポートしたりします。宇宙開発《うちゅうかいはつ》では人工衛星《じんこうえいせい》をいったん打《う》ち上《あ》げたら、たとえこわれても地上《ちじょう》に持《も》ち帰《かえ》って修理《しゅうり》できないなど、宇宙特有《うちゅうとくゆう》の事情《じじょう》があります。また国際的《こくさいてき》な取引《とりひき》も多《おお》く、スペースロイヤーは各国《かっこく》の法規制《ほうきせい》なども知《し》っておかないといけません。

宇宙《うちゅう》ビジネスは新《あたら》しい分野《ぶんや》なので、前例《ぜんれい》のないことが起《お》こります。スペースロイヤーは国《くに》や企業《きぎょう》と協力《きょうりょく》しながら、ルールづくりを進《すす》めることもあります。

この人《ひと》に聞《き》きました!

TMI《ティーエムアイ》総合法律事務所《そうごうほうりつじむしょ》
新谷美保子《しんたにみほこ》さん

世界中《せかいじゅう》の国々《くにぐに》で約束《やくそく》した「宇宙条約《うちゅうじょうやく》」で、宇宙空間《うちゅうくうかん》や天体《てんたい》はだれのものでもないと決《き》められています。

ブルーオリジン社《しゃ》が開発《かいはつ》した宇宙旅行機《うちゅうりょこうき》。

スペースロイヤーは国《くに》や企業《きぎょう》と協力《きょうりょく》しながら、ルールづくりを進《すす》めることもあるよ。宇宙旅行《うちゅうりょこう》に関《かん》するルールもそのひとつ。

たとえば、安全《あんぜん》な宇宙船《うちゅうせん》をつくりさえすれば、だれでも宇宙旅行《うちゅうりょこう》に行《い》けるようになるのでしょうか？　答《こた》えはNO《ノー》です。**技術《ぎじゅつ》と同《おな》じくらい法律《ほうりつ》が必要《ひつよう》**なのです。

各国《かっこく》には、ロケットや宇宙船《うちゅうせん》を安全《あんぜん》に飛《と》ばすために守《まも》らないといけないその国《くに》の法律《ほうりつ》があります。日本《にっぽん》でロケットを飛《と》ばすときは「**宇宙活動法《うちゅうかつどうほう》**」という法律《ほうりつ》があります。今後《こんご》、日本《にっぽん》からの宇宙旅行《うちゅうりょこう》を実現《じつげん》させるには、より高《たか》い安全性《あんぜんせい》が求《もと》められます。たとえ宇宙船《うちゅうせん》の開発《かいはつ》に成功《せいこう》しても、安全基準《あんぜんきじゅん》や万《まん》が一《いち》の事故《じこ》の場合《ばあい》などを考慮《こうりょ》した法律《ほうりつ》がないと、人《ひと》を乗《の》せて飛《と》ばすことができません。スペースロイヤーはこのようなルールづくりの場《ば》でも活躍《かつやく》します。

宇宙《うちゅう》ビジネスを日本《にっぽん》の重要《じゅうよう》な産業《さんぎょう》に発展《はってん》させるために、ビジネスが成功《せいこう》するようサポートし、ときには法律《ほうりつ》を整備《せいび》して成長《せいちょう》を後押《あとお》しする。そのしごとはますます重要《じゅうよう》になっています。

この人《ひと》に聞《き》きました！

TMI《ティーエムアイ》総合法律事務所《そうごうほうりつじむしょ》
新谷美保子《しんたにみほこ》さん

どんどん英語《えいご》に親《した》しむことや、ここだけは負《ま》けないという専門分野《せんもんぶんや》をもつことが大切《たいせつ》です。

どんなおしごと？

スペースロイヤー

スペースロイヤー

新谷美保子

しんたに みほこ

TMI《ティーエムアイ》総合法律事務所《そうごうほうりつじむしょ》
弁護士《べんごし》

宇宙《うちゅう》ビジネスとその法務《ほうむ》に精通《せいつう》した弁護士《べんごし》として、さまざまな宇宙《うちゅう》ビジネスや宇《う》宙開発《ちゅうかいはつ》の現場《げんば》で活躍中《かつやくちゅう》。

スペースロイヤーへのけわしい道《みち》のり

「宇宙《うちゅう》にくわしい日本人《にほんじん》の弁護士《べんごし》がいない」と知《し》ったのは、2013年《ねん》、弁護士《べんごし》として日本《にっぽん》企《き》業《ぎょう》のアメリカ支社《ししゃ》で研修《けんしゅう》をしているときでした。

そのころ、アメリカでは宇宙《うちゅう》ビジネスがとてももり上《あ》がっていて、宇宙《うちゅう》ビジネスが専門《せんもん》の弁護士《べんごし》も現《あらわ》れはじめていました。でも、日本《にっぽん》ではそういう人《ひと》がいないために、宇宙業界《うちゅうぎょうかい》の人《ひと》たちはとてもこまっていたのです。「宇宙《うちゅう》ビジネスの弁護士《べんごし》になろう」と思《おも》って帰国《きこく》したものの、当時《とうじ》の日本《にっぽん》では宇《う》宙開発《ちゅうかいはつ》は国《くに》が進《すす》めるものという考《かんが》えが根強《ねづよ》く、宇《う》宙《ちゅう》ビジネスと言《い》ってもにぶい反応《はんのう》しかありません。

でも私《わたし》は、「絶対《ぜったい》に日本《にっぽん》にも宇宙《うちゅう》ビジネスの波《なみ》が来《く》る」と確信《かくしん》していました。そこで、「宇宙《うちゅう》ビジネスを担当《たんとう》する弁護士《べんごし》になりたい」と、弁護士《べんごし》事務所《じむしょ》の所長《しょちょう》に相談《そうだん》して「10年《ねん》のあいだに成果《せいか》を出《だ》すこと」という条件《じょうけん》つきでＯＫ《オーケー》をもらいまし

日本《にっぽん》ではじめての

た。そこから私《わたし》のスペースロイヤーのしごとがはじまりました。

とはいえ、最初《さいしょ》はなかなかしごとがありません。そこで門《もん》をたたいたのがＪＡＸＡ《ジャクサ》でした。「アメリカ政府《せいふ》がどのように宇宙産業《うちゅうさんぎょう》を育《そだ》てたか」というレポートを書《か》いたのが最初《さいしょ》のしごとです。スペースＸ《エックス》がＩＳＳ《アイエスエス》に貨物《かもつ》を運《はこ》ぶたびに運搬代《うんぱんだい》をアメリカ政府《せいふ》が支払《しはら》ったおかげで、スペースＸ《エックス》は資金《しきん》と技術力《ぎじゅつりょく》を得《え》て大《おお》きな会社《かいしゃ》に成長《せいちょう》し、アメリカの宇宙《うちゅう》ビジネスも大《おお》きく発展《はってん》したのです。日本《にっぽん》も宇宙産業《うちゅうさんぎょう》を育《そだ》てるために、同《おな》じようなやり方《かた》を導入《どうにゅう》してほしいと訴《うった》えました。それからも、日本《にっぽん》と海外《かいがい》の宇宙企業《うちゅうきぎょう》の契約《けいやく》をサポートしたり、トラブルの際《さい》に紛争《ふんそう》を解決《かいけつ》したり。政府《せいふ》の委員《いいん》として、日本《にっぽん》の宇宙産業《うちゅうさんぎょう》を育《そだ》てるために法律《ほうりつ》を改正《かいせい》する作《さ》業《ぎょう》や新《あたら》しいルールづくりに参加《さんか》もしてきました。

目的《もくてき》は、日本《にっぽん》の宇宙技術《うちゅうぎじゅつ》を育《そだ》てて大《おお》きな産業《さんぎょう》にし、世界《せかい》と戦《たたか》えるようにすることです。そのために弁護士《べんごし》がはたす役割《やくわり》は大《おお》きいと思《おも》います。

法律《ほうりつ》が安心《あんしん》なくらしを守《まも》ってくれている

私《わたし》は「宇宙《うちゅう》の外《そと》になにがあるか」に興味津々《きょうみしんしん》で、宇宙《うちゅう》を研究《けんきゅう》する人《ひと》にあこがれる子《こ》どもでした。でも小学生《しょうがくせい》のとき、法律《ほうりつ》というルールを人間《にんげん》が考《かんが》え出《だ》したおかげで、私《わたし》たちは安心《あんしん》してくらすことができると知《し》りました。「法律《ほうりつ》って、人類史上《じんるいしじょう》もっともすばらしい発明《はつめい》だ！」と弁護士《べんごし》になることを決《けつ》意《い》。そして弁護士《べんごし》のしごとを続《つづ》けてきたいま、子《こ》どものころに大好《だいす》きだった宇宙《うちゅう》のしごとをしています。日本《にっぽん》に宇宙《うちゅう》ビジネスという新《あたら》しい産業《さんぎょう》をつくっている手《て》ごたえを、日々《ひび》感《かん》じています。弁護《べんご》士《し》には、法律《ほうりつ》の知識以上《ちしきいじょう》に相手《あいて》の立場《たちば》に立《た》って物《もの》事《ごと》を考《かんが》えられる人間性《にんげんせい》が求《もと》められます。弁護士《べんごし》を目指《めざ》す人《ひと》は、広《ひろ》い視野《しや》をもってなにかにチャレンジしてゆたかな人間性《にんげんせい》を育《はぐく》んでほしい。スペースロイヤーは文系分野《ぶんけいぶんや》で宇宙《うちゅう》のど真《ま》ん中《なか》にかかわるしごとです。ぜひ活躍《かつやく》する人《ひと》が増《ふ》えてほしいです。

宇《う》宙《ちゅう》の旅《たび》を安《あん》心《しん》に

宇《う》宙《ちゅう》保《ほ》険《けん》会《がい》社《しゃ》

ISS《アイエスエス》への補給船《ほきゅうせん》を乗《の》せたロケット「アンタレス」の爆発事故《ばくはつじこ》。幸《さいわ》いにも人《ひと》は乗《の》っていなかった。

海外旅行《かいがいりょこう》に行《い》くとき、旅先《たびさき》で病気《びょうき》になったら？と思《おも》うと心配《しんぱい》ですね。旅行保険《りょこうほけん》をかければ病院《びょういん》にかかった費用《ひよう》などを出《だ》してもらえて安心《あんしん》です。同《おな》じように**宇宙旅行中《うちゅうりょこうちゅう》の病気《びょうき》やけがにそなえてかけるのが「宇宙保険《うちゅうほけん》」**。宇宙旅行《うちゅうりょこう》だけでなく、**人工衛星《じんこうえいせい》やロケット用《よう》の宇宙保険《うちゅうほけん》**もあります。たとえば打《う》ち上《あ》げが失敗《しっぱい》して人工衛星《じんこうえいせい》が失《うしな》われたときや、地上《ちじょう》の建物《たてもの》がひがいを受《う》けたときも、保険《ほけん》をかけていれば衛星《えいせい》の製造費用《せいぞうひよう》、建物《たてもの》の修理費用《しゅうりひよう》などを出《だ》してもらえます。宇宙開発《うちゅうかいはつ》にはリスクがつきものですが、**保険《ほけん》があることで安心《あんしん》して挑戦《ちょうせん》できる**のです。宇宙保険《うちゅうほけん》のしごとには、どのくらいの確率《かくりつ》で事故《じこ》が起《お》こるかなど、保険《ほけん》と宇宙《うちゅう》の両方《りょうほう》の知識《ちしき》が求《もと》められます。

世界《せかい》と宇宙《うちゅう》をむすぶ

宇宙商社《うちゅうしょうしゃ》

商社《しょうしゃ》のしごととは、食品《しょくひん》からエネルギー資源《しげん》まで**世界中《せかいじゅう》で商品《しょうひん》を売《う》りたい人《ひと》と買《か》いたい人《ひと》をむすびつける**こと。そして、宇宙《うちゅう》の商品《しょうひん》をあつかうのが「宇《う》宙商社《ちゅうしょうしゃ》」です。たとえば、ある会社《かいしゃ》が「人工衛星《じんこうえいせい》を打《う》ち上《あ》げたいが、どのロケットを使《つか》えばいいだろう」と悩《なや》んだとき、人工衛星《じんこうえいせい》の特徴《とくちょう》に合《あ》わせてちょうどいいロケットを世界中《せかいじゅう》から選《えら》び、ふくざつな手続《てつづ》きや試験《しけん》、発射場《はっしゃじょう》への運搬《うんぱん》までサポートします。

また人工衛星《じんこうえいせい》やロケットをつくるときに使《つか》う特殊《とくしゅ》な部品《ぶひん》を海外《かいがい》から輸入《ゆにゅう》したり、宇宙《うちゅう》ステーションで実験《じっけん》したい会社《かいしゃ》に、実験《じっけん》が実現《じつげん》できるサービスを提《てい》供《きょう》したり。**宇宙《うちゅう》を多《おお》くの人《ひと》が気軽《きがる》に利用《りよう》できる**ように、世界《せかい》と宇宙《うちゅう》をつなぐ役割《やくわり》をにないます。

この人《ひと》に聞きました！

Space《スペース》 BD《ビーディー》
永崎将利《ながさきまさとし》さん

宇宙《うちゅう》を舞台《ぶたい》に新《あたら》しい産業《さんぎょう》をつくり、当《あ》たり前《まえ》に宇宙《うちゅう》を使《つか》える世界《せかい》を目指《めざ》します。

地球《ちきゅう》のどこでも約《やく》1時間《じかん》!?

宇宙《うちゅう》デリバリー

地球《ちきゅう》のどこにでも、**宇宙《うちゅう》を通《とお》って超高速《ちょうこうそく》で荷物《にもつ》を届《とど》けるしごと**が、「宇宙《うちゅう》デリバリー」です。海外《かいがい》に荷物《にもつ》を送《おく》るとき、遠《とお》い場所《ばしょ》だと届《とど》くまでにどんなに早《はや》くても半日《はんにち》～数日《すうじつ》かかってしまいます。でも宇宙《うちゅう》機《き》を使《つか》えば、**地球《ちきゅう》のどこでもスペースポートとスペースポートのあいだは約《やく》1時間《じかん》で到着《とうちゃく》**。たとえば近《ちか》くの畑《はたけ》でとれたばかりの新鮮《しんせん》な野菜《やさい》やできたての料《りょう》理《り》を、地球《ちきゅう》の反対側《はんたいがわ》にくらす友《とも》だちや親《しん》せきにすぐ届《とど》けることも、受《う》けとることもできます。ただし超《ちょう》高速《こうそく》で飛《と》ぶときに「G《ジー》（重力加速度《じゅうりょくかそくど》）」という力《ちから》がかかるので、こわれやすいものはしっかり包《つつ》むことが必要《ひつよう》。宇宙空間《うちゅうくうかん》を通《とお》って荷物《にもつ》を届《とど》けるので、働《はたら》きながら宇宙《うちゅう》のながめを楽《たの》しめるかもしれません。

さいごは星《ほし》になる？

宇《う》宙《ちゅう》葬《そう》プランナー

人《ひと》が亡《な》くなると骨《ほね》（遺骨《いこつ》）をお墓《はか》におさめます。最近《さいきん》は、骨《ほね》の一部《いちぶ》を海《うみ》や森林《しんりん》にまく人《ひと》もいます。同《おな》じように、**少量《しょうりょう》の骨《ほね》を宇宙《うちゅう》に打《う》ち上《あ》げるのが「宇宙《うちゅう》葬《そう》」**で、サポートをするのが宇宙葬《うちゅうそう》プランナーです。

宇宙葬《うちゅうそう》には種類《しゅるい》があります。たとえば数年間《すうねんかん》、地球《ちきゅう》のまわりを飛行《ひこう》したあとに**流《なが》れ星《ぼし》になるコース、月《げつ》面《めん》に運《はこ》ぶコース**もあります。宇宙葬《うちゅうそう》プランナーは本《ほん》人《にん》や家族《かぞく》とどのコースにするかを相談《そうだん》し、手続《てつづ》きを進《すす》めます。宇宙葬《うちゅうそう》は「宇宙《うちゅう》に行《い》きたい」と思《おも》いながら生《い》きているあいだにかなえられなかった本人《ほんにん》の願《ねが》いを実現《じつげん》でき、家族《かぞく》も宇宙《うちゅう》を見上《みあ》げることで亡《な》くなった人《ひと》を想《おも》うことができます。宇宙葬《うちゅうそう》プランナーはそうした気持《きも》ちに寄《よ》りそうことが大事《だいじ》ですね。

ユニークな宇宙《うちゅう》ビジネス

流《なが》れ星《ぼし》クリエイター

人工衛星《じんこうえいせい》に直径約《ちょっけいやく》1㎝の「流《なが》れ星《ぼし》のもと」を積《つ》んで宇宙《うちゅう》から放出《ほうしゅつ》。大気圏《たいきけん》に飛《と》びこむときに光《ひか》らせ、夜空《よぞら》に人工的《じんこうてき》な流《なが》れ星《ぼし》をつくります。飛《と》びこむときの角《かく》度《ど》などを調整《ちょうせい》することで長《なが》く光《ひか》らせ、3回《かい》お願《ねが》い事《ごと》をすることも可能《かのう》に。イベントなどをもり上《あ》げます。

星空写真家《ほしぞらしゃしんか》

天体《てんたい》を撮影《さつえい》する天体写真《てんたいしゃしん》、星空《ほしぞら》と景色《けしき》をいっしょに撮《と》る星景写真《せいけいしゃしん》などを撮影《さつえい》する人《ひと》。撮影《さつえい》した写真《しゃしん》で写真集《しゃしんしゅう》や本《ほん》を出《だ》したり、プラネタリウムの映像《えいぞう》にしたりします。撮影方法《さつえいほうほう》などを会員制《かいいんせい》サロンで解説《かいせつ》する人《ひと》も。長《なが》くしごとにするにはくふうが必要《ひつよう》です。

宇宙《うちゅう》アイドル・配信者《はいしんしゃ》

ロケット打《う》ち上《あ》げ中継《ちゅうけい》を見《み》ながら解説《かいせつ》するVTuber《ブイチューバー》、星空《ほしぞら》について語《かた》るVTuber《ブイチューバー》、YouTube《ユーチューブ》などで宇宙情報《うちゅうじょうほう》を発信《はっしん》する宇宙《うちゅう》タレント、宇宙《うちゅう》キャスターや宇《う》宙《ちゅう》アニメのキャラクターなどの宇宙《うちゅう》アイドルたちは、宇宙《うちゅう》に興《きょう》味《み》のなかった人《ひと》の関心《かんしん》を集《あつ》め、活躍《かつやく》しています。

宇宙《うちゅう》イベンター

宇宙《うちゅう》に関《かん》するイベントを企画《きかく》して実施《じっし》する人《ひと》。宇宙業界《うちゅうぎょうかい》をもり上《あ》げるために、宇宙飛行《うちゅうひこう》を成功《せいこう》させた民間《みんかん》チームに賞金《しょうきん》を出《だ》す賞金《しょうきん》レースを行《おこな》ったり、世界中《せかいじゅう》の宇宙関係者《うちゅうかんけいしゃ》が集《あつ》まる国際会議《こくさいかいぎ》を開《ひら》いたり。イベントで人《ひと》と人《ひと》が出会《であ》い、新《あたら》しいビジネスが生《う》まれます。

どんなおしごと？

アイドルとしてロケット開発《かいはつ》を応援《おうえん》したい！

ロケットアイドル
VTuber《ブイチューバー》

宇推くりあ
うすい　くりあ

YouTube《ユーチューブ》チャンネルでロケット工学《こうがく》について楽《たの》しく解説《かいせつ》する動画《どうが》を配信《はいしん》している。

「ロケットアイドルＶＴｕｂｅｒ《ブイチューバー》」として、みんなで世界《せかい》のロケット打《う》ち上《あ》げを見《み》る生配信《なまはいしん》を中心《ちゅうしん》に活動《かつどう》しています。ロケットは、人間《にんげん》がつくった技術《ぎじゅつ》の結晶《けっしょう》です。たくさんの部品《ぶひん》のうちひとつがダメになっただけで失敗《しっぱい》してしまうロケットは、人《ひと》の力《ちから》が合《あ》わさって飛《と》ぶのだと思《おも》います。ロケットが飛行機《ひこうき》のように当《あ》たり前《まえ》に飛《と》ぶ世界《せかい》をつくるため、開発《かいはつ》を応援《おうえん》したい。私《わたし》は『ラブライブ！』というアニメが好《す》きでアイドルにもあこがれていたので、ふたつの夢《ゆめ》を合体《がったい》できたらいいなと思《おも》ったんです。

配信《はいしん》を見《み》てくれる人《ひと》も増《ふ》えて、宇宙開発利用大賞《うちゅうかいはつりようたいしょう》のＰＲ《ピーアール》キャラクターをさせてもらったり、Ｈ３《エイチスリー》ロケットの責任者《せきにんしゃ》さんに「応援《おうえん》が力《ちから》になりました」と言《い》ってもらったり、うれしい手《て》ごたえを感《かん》じています。

もしＶＴｕｂｅｒ《ブイチューバー》に興味《きょうみ》があるなら、話《はな》す内容《ないよう》をみがいてほしいです！　世界《せかい》を広《ひろ》げて好《す》きなものをつきつめたら、どうやったら相手《あいて》に伝《つた》わるかも練習《れんしゅう》するといいですね。ひとりでいろいろなことを実況《じっきょう》してみる「ＶＴｕｂｅｒ《ブイチューバー》ごっこ」もおすすめですよ！

どんなおしごと？

宇宙《うちゅう》を写《うつ》してくれる

星空写真家《ほしぞらしゃしんか》

KAGAYA

かがや

天体《てんたい》の写真《しゃしん》や、星《ほし》や宇宙《うちゅう》をテーマにした絵《え》、CG《シージー》などの表現《ひょうげん》で宇宙《うちゅう》のみりょくを伝《つた》えている。

星《ほし》を追《お》いかける日々《ひび》

1年《ねん》の3分《ぶん》の1ぐらいは外《そと》に出《で》かけて、星空《ほしぞら》の写真《しゃしん》を撮《と》っています。北海道《ほっかいどう》でオーロラが見《み》えそうという情報《じょうほう》をつかむとすぐ飛行機《ひこうき》で飛《と》んでいく。洞窟《どうくつ》のすきまから細《ほそ》い月《つき》が見《み》える年《ねん》に数回《すうかい》のチャンスをのがさないよう計画《けいかく》して撮影《さつえい》に行《い》くこともあります。南極《なんきょく》に皆既日食《かいきにっしょく》を、ハワイに月夜《つきよ》の虹《にじ》を撮《と》りになど、海外《かいがい》へも出《で》かけます。星空《ほしぞら》の写真《しゃしん》を撮《と》るだけでなく、その写真《しゃしん》を本《ほん》にしたり展覧会《てんらんかい》に出《だ》したり、プラネタリウムの映像作品《えいぞうさくひん》にしたり、写真《しゃしん》を使《つか》ったさまざまなしごとをしています。

　写真《しゃしん》に撮《と》ることで、人間《にんげん》の目《め》では見《み》られない世界《せかい》を写《うつ》し出《だ》せるんです。天《あま》の川《がわ》は肉眼《にくがん》で見《み》るとぼんやりとしか見《み》えませんが、写真《しゃしん》だと色《いろ》や細《こま》かい構造《こうぞう》も見《み》えて、「こんな宇宙《うちゅう》が自分《じぶん》の頭上《ずじょう》に広《ひろ》がっていたんだ」と体験《たいけん》をゆたかにすることができます。

星空写真《ほしぞらしゃしん》は目《め》では見《み》えない

新《あたら》しいしごとをつくった

私《わたし》はずっと好《す》きだった写真《しゃしん》や絵《え》、CG《シージー》などの技術《ぎじゅつ》を組《く》み合《あ》わせて、自分《じぶん》だけのしごとをつくり出《だ》してきました。でも子《こ》どものころはこんなしごとをしているとは想像《そうぞう》もつかなかった。小学校《しょうがっこう》の自由研究《じゆうけんきゅう》で全天《ぜんてん》88星座図《せいざず》を描《か》くほど星《ほし》が大好《だいす》きだった私《わたし》は、中学生《ちゅうがくせい》で星《ほし》の写真《しゃしん》を撮《と》りはじめます。高校《こうこう》では絵《え》を描《か》くことにのめりこんだり、コンピュータでかんたんなプログラムを書《か》いて星座《せいざ》を表示《ひょうじ》したりするうち、いつかコンピュータを使《つか》って絵《え》を描《か》くしごとができるかもしれないと思《おも》いはじめました。天文学者《てんもんがくしゃ》になるか画家《がか》になるか迷《まよ》いましたが、創作《そうさく》への意欲《いよく》は止《と》められませんでした。

専門学校《せんもんがっこう》に入学後《にゅうがくご》、自分《じぶん》のイラストが雑誌《ざっし》にのるにはどうすればいいのか知《し》りたくて、天文雑誌《てんもんざっし》の編集部《へんしゅうぶ》をたずねました。アルバイトとして働《はたら》きながら、宇宙《うちゅう》のイラストを雑誌《ざっし》にのせてもらえるようになり、やがて独立《どくりつ》してしごとをはじめます。

私《わたし》は新《あたら》しい道具《どうぐ》が出《で》るたび、その道具《どうぐ》でこれまで見《み》たことがないものをつくり出《だ》せるのではないかという創作欲《そうさくよく》がわきます。たとえばフィルムカメラからデジタルカメラへの進化《しんか》は画期的《かっきてき》でした。星空《ほしぞら》と地上《ちじょう》の風景《ふうけい》をいっしょに写《うつ》しとれるようになり、私《わたし》の作風《さくふう》のひとつになりました。今後《こんご》も想像《そうぞう》もつかない道具《どうぐ》が登場《とうじょう》するでしょう。それを使《つか》って新《あら》たな手法《しゅほう》で星空《ほしぞら》のみりょくを伝《つた》えたい。

みなさんが大《おお》きくなるころには、技術《ぎじゅつ》がさらに進歩《しんぽ》して新《あたら》しいしごとが生《う》まれているはずです。まずは自分《じぶん》がなにをするときに喜《よろこ》びを感《かん》じ、夢中《むちゅう》になるのか向《む》き合《あ》ってほしい。アンテナを広《ひろ》げて情報《じょうほう》を集《あつ》め、できることから行動《こうどう》していくうちに、チャンスをつかめるかもしれません。天体写真《てんたいしゃしん》を撮《と》るしごとだけで生《い》きていくのは、経済的《けいざいてき》にむずかしいことです。しかし、いまあるしごとにこだわらず、好《す》きなことを組《く》み合《あ》わせれば、あなただけのしごとをつくり出《だ》せる可能性《かのうせい》があるのです。

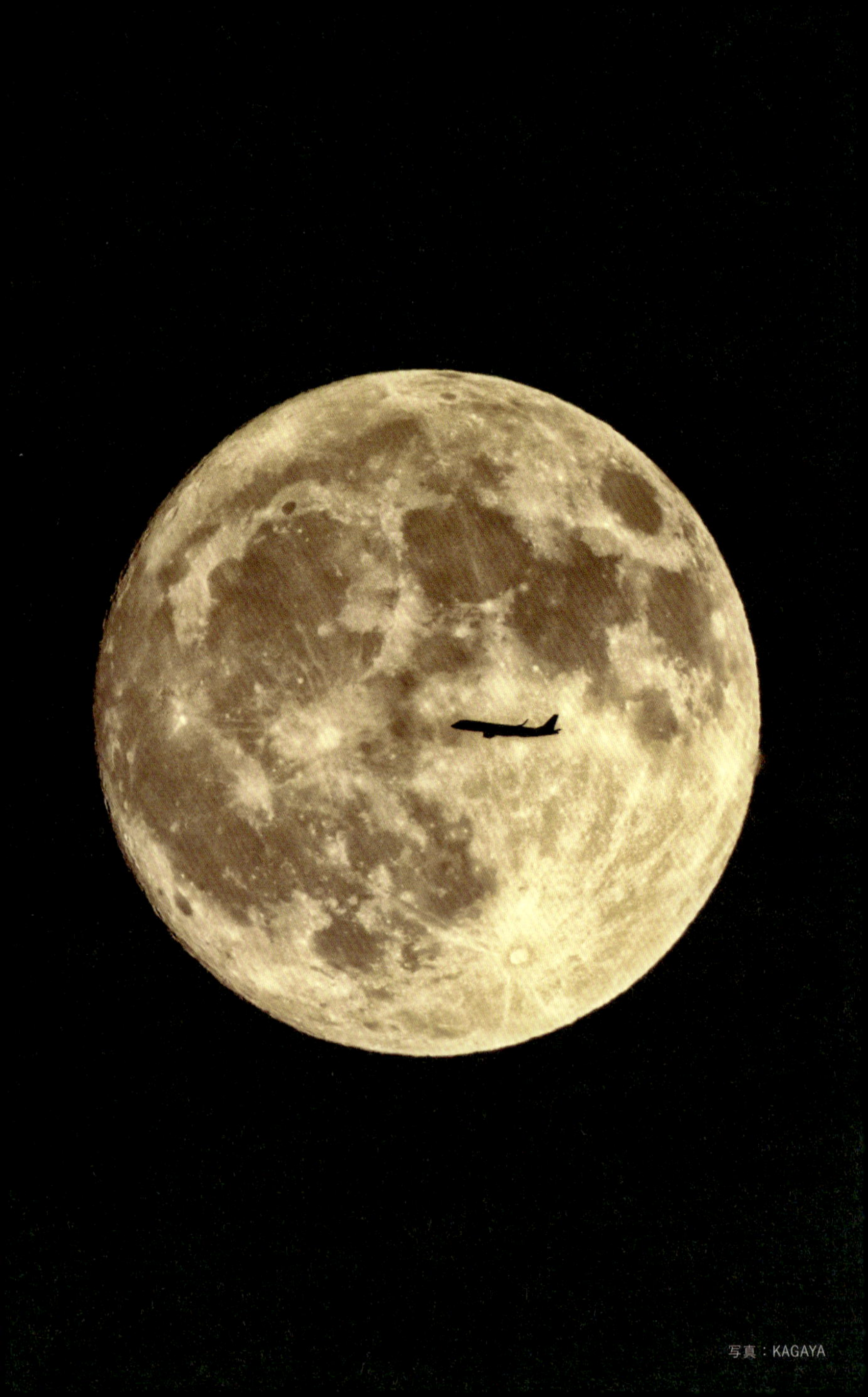
写真：KAGAYA

4
章《しょう》

月《つき》・火《か》星《せい》のおしごと

君《きみ》が大人《おとな》になるころ、
月《つき》や火《か》星《せい》に人《ひと》が住《す》むようになるといわれているよ。
そこではどんなくらしが待《ま》っているんだろう？

月《つき》で食材《しょくざい》を育《そだ》てる！

月面《げつめん》ファーマー

月《つき》の植物工場《しょくぶつこうじょう》でつくった新鮮《しんせん》なレタスやトマトのサラダ、3D《スリーディー》フードプリンターでつくった細胞培養《さいぼうばいよう》マグロのお寿司《すし》、月《つき》で培養《ばいよう》された藻類《そうるい》のグリーンスープ、そしてメインは牛《うし》、鳥《とり》などからつくられた培《ばい》養肉《ようにく》ステーキ。これはある日《ひ》の月面《げつめん》レストランのメニューです。月面《げつめん》にたくさんの人《ひと》がくらすために、欠《か》かせないのがごはん。地球《ちきゅう》から宇宙食《うちゅうしょく》や材料《ざいりょう》を運《はこ》ぶと片道《かたみち》3日《か》ほどかかるし運賃《うんちん》も高《たか》くつきます。メインの食材《しょくざい》は月《つき》で育《そだ》てないといけません。

月《つき》で野菜《やさい》やお米《こめ》などの食材《しょくざい》を育《そだ》てるのが「月面《げつめん》ファーマー」です。月面《げつめん》で食材《しょくざい》をどう育《そだ》てるか研究《けんきゅう》が進《すす》んでいます。月面《げつめん》での食《しょく》の課題《かだい》にとりくむ団体《だんたい》「スペースフードスフィア」が栽培《さいばい》を目指《めざ》すのは**トマト、**

この人《ひと》に聞《き》きました！

スペースフードスフィア
菊池優太《きくちゆうた》さん

かぎられた空間《くうかん》でも「おいしく栄養《えいよう》ほうふな食料《しょくりょう》を育《そだ》てる」ことを目指《めざ》しています。

▲藻類《そうるい》ユーグレナ（ミドリムシ）を栽培《さいばい》する様子《ようす》のイメージ。
◀ユーグレナを材料《ざいりょう》に使《つか》ったステーキ。

キュウリ、レタス、お米《こめ》、大豆《だいず》、じゃがいも、さつまいも、いちごの8品目《ひんもく》。牛《うし》や鶏《にわとり》、魚《さかな》などを月《つき》で育《そだ》てるのはむずかしいため、動物《どうぶつ》の細胞《さいぼう》から**本物《ほんもの》の食感《しょっかん》や味《あじ》を再現《さいげん》したお肉《にく》や魚《さかな》（培養肉《ばいようにく》・培養魚肉《ばいようぎょにく》）**を人工的《じんこうてき》につくります。また動物《どうぶつ》と植物《しょくぶつ》の両方《りょうほう》の特徴《とくちょう》をもち栄養《えいよう》ほうふな**藻類《そうるい》ユーグレナ（ミドリムシ）**も活用《かつよう》したい食材《しょくざい》です。

月面《げつめん》ファーマーはせまい空間《くうかん》で早《はや》く大量《たいりょう》の植物《しょくぶつ》が育《そだ》つよう、くふうしながら栽培《さいばい》します。月面《げつめん》の砂《すな》「レゴリス」には微生物《びせいぶつ》がいないため、いまは土《つち》で植物《しょくぶつ》を育《そだ》てるのはむずかしいですが、土壌改良《どじょうかいりょう》の研究《けんきゅう》が進行中《しんこうちゅう》です。食物《しょくもつ》を**食《た》べたあとの残《のこ》りかすや人間《にんげん》のうんちやおしっこを、微生物《びせいぶつ》などを使《つか》って分解《ぶんかい》し、肥料《ひりょう》などに再利用《さいりよう》**するシステムも必要《ひつよう》になるでしょう。

月《つき》でこのような食料生産《しょくりょうせいさん》のしくみができれば、食材《しょくざい》を育《そだ》てにくい地上《ちじょう》の砂漠《さばく》や極地《きょくち》などに活用《かつよう》でき、宇宙《うちゅう》と地球《ちきゅう》の両方《りょうほう》の食料《しょくりょう》の問題《もんだい》に貢献《こうけん》します。

この人《ひと》に聞《き》きました！

ユーグレナ
鈴木《すずき》健吾《けんご》さん
月面《げつめん》で植物《しょくぶつ》プランクトンを育《そだ》てて酸素《さんそ》と栄養素《えいようそ》をつくる研究《けんきゅう》をしています。

月《つき》でもおいしい料理《りょうり》を

月《げつ》面《めん》料《りょう》理《り》人《にん》

かぎられた食材《しょくざい》をくふうして使《つか》い、月面料理《げつめんりょうり》の献《こん》立《だて》を考《かんが》えるのが月面料理人《げつめんりょうりにん》です。**栄養《えいよう》があっておいしいのはもちろん、見《み》た目《め》の楽《たの》しさで食欲《しょくよく》をそそるような料理《りょうり》**を考《かんが》えるのがうでの見《み》せどころです。食《しょく》材《ざい》がかぎられると似《に》た料理《りょうり》になってあきてしまうので、食材《しょくざい》の組《く》み合《あ》わせや味《あじ》つけ、調理方法《ちょうりほうほう》で和風《わふう》、洋風《ようふう》、中華《ちゅうか》と変化《へんか》をつけます。さらにかんたんに料《りょう》理《り》し、片《かた》づけを楽《らく》にするくふうも大事《だいじ》。将来《しょうらい》は、**3《スリー》D《ディー》フードプリンター**を使《つか》ったり、月面《げつめん》にいる**アバターロボット**を地球《ちきゅう》にいる料理人《りょうりにん》が操作《そうさ》したりすることで、つくる過程《かてい》も楽《たの》しめるでしょう。月面《げつめん》は季節《きせつ》がなく単調《たんちょう》なくらしになりがちなので、お正月《しょうがつ》やだれかの誕生日《たんじょうび》にはお祝《いわ》い料理《りょうり》もつくりたいですね。

この人《ひと》に聞《き》きました!

辻調理師専門学校《つじちょうりしせんもんがっこう》
秋元《あきもと》真一郎《しんいちろう》さん

どんな場所《ばしょ》でも滞在《たいざい》クルーを笑顔《えがお》にするメニューを考案中《こうあんちゅう》です!

暗黒時代《あんこくじだい》のなぞにせまる

月面天文学者《げつめんてんもんがくしゃ》

月面天文台《げつめんてんもんだい》の想像図《そうぞうず》。

月《つき》のうら側《がわ》や極《きょく》に天文台《てんもんだい》をつくり、**宇宙《うちゅう》の誕生直後《たんじょうちょくご》に発《はっ》せられた電波《でんぱ》**を観測《かんそく》。月面天文学者《げつめんてんもんがくしゃ》ならではのしごとです。１３８億年前《おくねんまえ》に宇宙《うちゅう》が生《う》まれてから最初《さいしょ》の星《ほし》が誕生《たんじょう》したのは約《やく》1～3億年後《おくねんご》。それまでは光《ひか》る天体《てんたい》がなかったために観測《かんそく》がむずかしく「**宇宙《うちゅう》の暗黒時代《あんこくじだい》**」とよばれています。でもそのころの宇宙《うちゅう》にあった水素《すいそ》が発《はっ》する特殊《とくしゅ》な電波《でんぱ》を観測《かんそく》できれば、暗黒時代《あんこくじだい》を知《し》る手《て》がかりになります。地球《ちきゅう》では大気《たいき》がじゃまでこの電波《でんぱ》を観測《かんそく》できません。**大気《たいき》がなく地球《ちきゅう》からの電波《でんぱ》にじゃまされない月《つき》のうら側《がわ》が理想的《りそうてき》な場所《ばしょ》**なのです。日本《にっぽん》の月面天文台《げつめんてんもんだい》は５ｍのアンテナ約《やく》10基《き》で観測《かんそく》する計画《けいかく》です。太陽系《たいようけい》の外《そと》にある惑星《わくせい》のオーロラも見《み》えるかもしれません！

月《つき》の水《みず》をフル活用《かつよう》！

月《つき》の水《みず》プラント屋《や》さん

月《つき》には水《みず》があると考《かんが》えられています。月《つき》の南極《なんきょく》のクレーターには1年中太陽《ねんじゅうたいよう》の光《ひかり》が差《さ》さない「**永久影《えいきゅうかげ》**」とよばれる場所《ばしょ》があり、氷《こおり》の状態《じょうたい》で水《みず》があると推定《すいてい》されています。水《みず》があれば、飲《の》み水《みず》や月面農場《げつめんのうじょう》で野菜《やさい》を育《そだ》てるために使《つか》えます。さらにエネルギー源《げん》や、ロケットの燃料《ねんりょう》にすることもできます。月《つき》で水《みず》を得《え》るにはさまざまな方法《ほうほう》が研究《けんきゅう》されていますが、月《つき》の水《みず》をとり出《だ》して、さまざまな目的《もくてき》に使《つか》えるようにするのが、「月《つき》の水《みず》プラント屋《や》さん」です。

現在考《げんざいかんが》えられている、水《みず》のとり出《だ》し方《かた》の例《れい》を紹介《しょうかい》しましょう。月《つき》の水《みず》プラント屋《や》さんは、まず月《つき》のクレーターの底《そこ》から**氷《こおり》をふくんだ月《つき》の砂《すな》（レゴリス）**をとります。次《つぎ》にレゴリスを加熱《かねつ》して、氷《こおり》を水蒸気《すいじょうき》

この人《ひと》に聞《き》きました！

日揮《にっき》グローバル
深浦希峰《ふかうらきほう》さん

じつはもう動《うご》き出《だ》している「月《つき》の水《みず》プラント屋《や》さん」。月面開発《げつめんかいはつ》のこれからに注目《ちゅうもく》です！

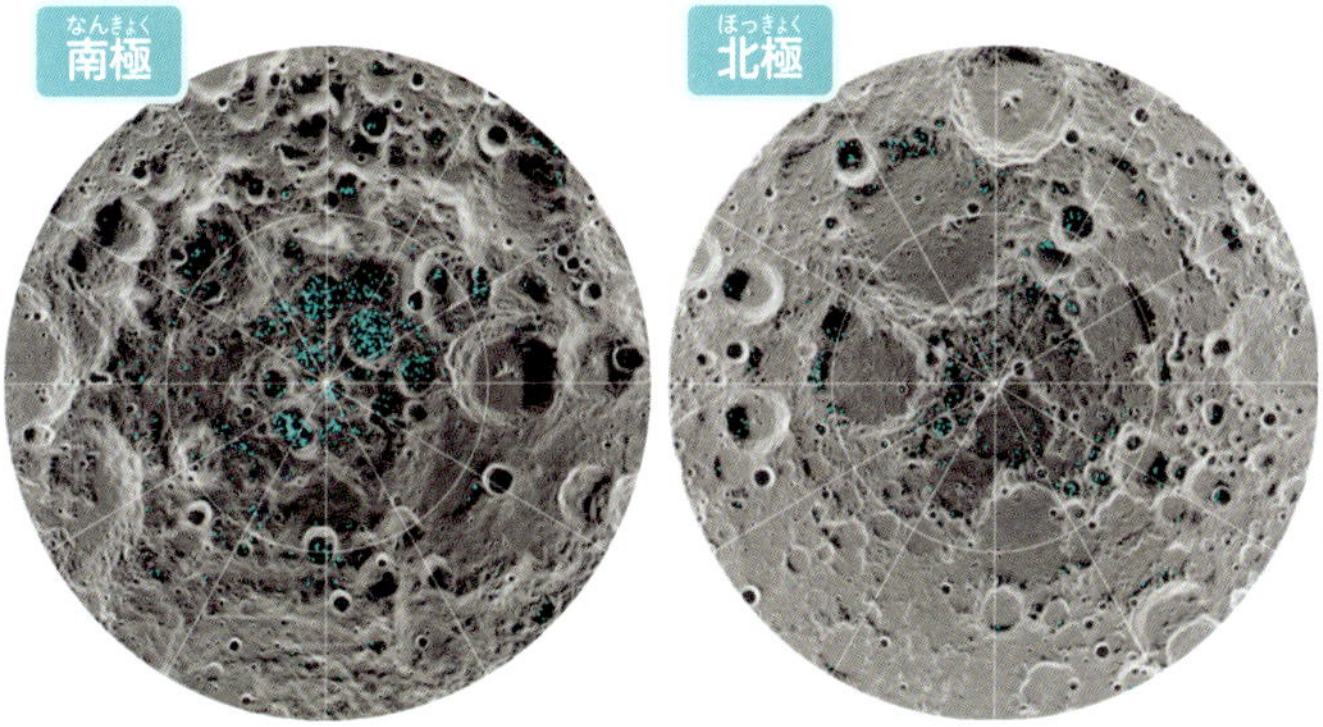

インドの月探査衛星《つきたんさえいせい》チャンドラヤーン1号《ごう》のデータから「永久影《えいきゅうかげ》」に水《みず》の氷《こおり》があると発表《はっぴょう》された（水色《みずいろ》のところ）。

の状態《じょうたい》にしてとり出《だ》します。その水蒸気《すいじょうき》を水素《すいそ》ガスと酸素《さんそ》ガスに分解《ぶんかい》したあと、冷《ひ》やして液体《えきたい》の水《みず》の状《じょう》態《たい》にしてためておきます。**水素《すいそ》と酸素《さんそ》は、ロケット燃料《ねんりょう》に使《つか》える**ので、月《つき》に到着《とうちゃく》した宇宙船《うちゅうせん》が地球《ちきゅう》に帰《かえ》るときや、火星《かせい》や小惑星《しょうわくせい》にむかうときの燃料《ねんりょう》にできるよう、発射基地《はっしゃきち》の近《ちか》くに運《はこ》びます。**酸素《さんそ》は人間《にんげん》の呼吸《こきゅう》に必要《ひつよう》**なので月面基地《げつめんきち》や月面《げつめん》ホテルに運《はこ》びます。

水素《すいそ》と酸素《さんそ》を化学反応《かがくはんのう》させれば、電気《でんき》エネルギーを生《う》み出《だ》すこともできます。このエネルギーで月面《げつめん》基地《きち》で働《はたら》くロボットや月面車《げつめんしゃ》を動《うご》かすことができます。電気《でんき》を生《う》むときに、同時《どうじ》に水《みず》ができるので、きれいにして飲《の》み水《みず》をつくることができますし、さらにその水《みず》を分解《ぶんかい》してまた水素《すいそ》と酸素《さんそ》をつくることもできます。つまり**水《みず》はいったん手《て》に入《い》れれば、何度《なんど》もリサイクルして利用《りよう》できるわけです**。月面基地《げつめんきち》で水《みず》がはたす役割《やくわり》は大《おお》きく、月《つき》の水《みず》プラント屋《や》さんは月面活動《げつめんかつどう》のかぎを握《にぎ》るしごとといえるでしょう。

この人《ひと》に聞《き》きました！

日揮《にっき》グローバル
田中秀林《たなかよしとき》さん

このしごとが実現《じつげん》する未来《みらい》は、いまの子《こ》どもが大人《おとな》になった時代《じだい》です。主役《しゅやく》は君《きみ》たちだ！

小惑星《しょうわくせい》を持《も》って帰《かえ》る!?

宇《う》宙《ちゅう》トレジャーハンター

地球上《ちきゅうじょう》ではとれる場所《ばしょ》がかぎられ、量《りょう》も少《すく》ないお宝《たから》のような貴重《きちょう》な資源《しげん》「**レアメタル**」が、宇宙《うちゅう》にはたくさんあります。**小惑星《しょうわくせい》にはプラチナやコバルト、ニッケルなどのレアメタルや、ほうふな水資源《みずしげん》もある**ことがわかっています。これらを採掘《さいくつ》するのが「宇宙《うちゅう》トレジャーハンター」。たとえばプラチナは電《でん》子部品《しぶひん》の材料《ざいりょう》や燃料電池《ねんりょうでんち》の触媒《しょくばい》など工業《こうぎょう》や医療《いりょう》にも使《つか》われる貴重《きちょう》な資源《しげん》で、お宝中《たからちゅう》のお宝《たから》です。

宇宙《うちゅう》トレジャーハンターはまずどの小惑星《しょうわくせい》にどんな資源《しげん》があるかを調《しら》べ、ロボットを送《おく》りこみ採掘《さいくつ》します。採掘《さいくつ》したら月《つき》や地球《ちきゅう》の周回軌道《しゅうかいきどう》へ。将来的《しょうらいてき》には、小《ちい》さな小惑星《しょうわくせい》なら、**小惑星《しょうわくせい》ごと持《も》って帰《かえ》る**ことも考《かんが》えられます。

この人《ひと》に聞《き》きました!

ムーン・アンド・プラネッツ
寺《てら》薗《ぞの》淳《じゅん》也《や》さん

宇宙《うちゅう》から資源《しげん》をとってくる時代《じだい》はもうすぐです!

エレベーターで宇宙《うちゅう》へ！

宇《う》宙《ちゅう》エレベーター建《けん》設《せつ》者《しゃ》

宇宙《うちゅう》エレベーターのつくり方《かた》

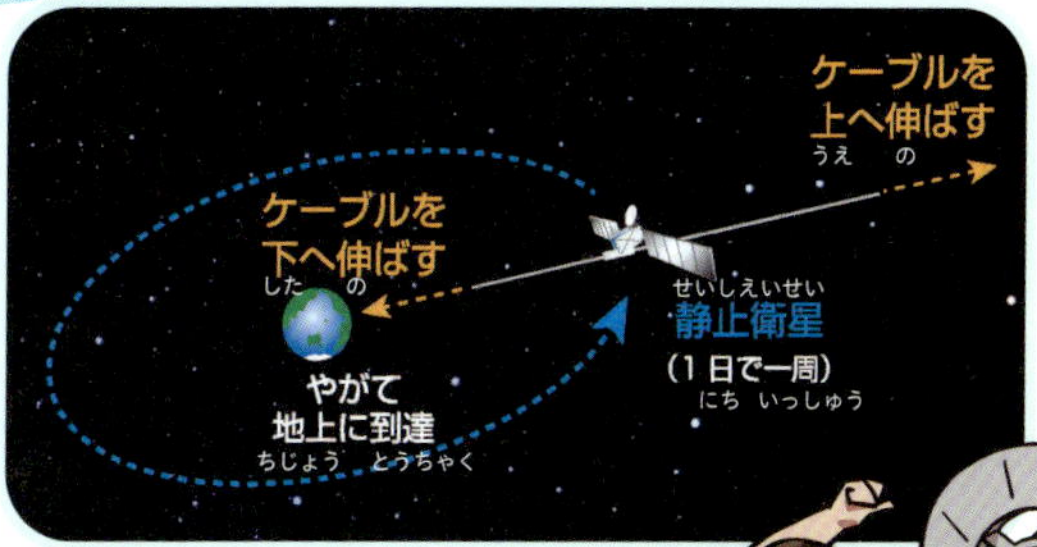

人工衛星《じんこうえいせい》から宇宙側《うちゅうがわ》と地球側《ちきゅうがわ》にケーブルを伸《の》ばしていくよ。

2050年《ねん》ごろにはエレベーターで宇《う》宙《ちゅう》に行《い》けるかもしれません。これは宇《う》宙《ちゅう》と地《ち》上《じょう》をむすぶケーブル上《じょう》を人《ひと》や物《もの》が行《い》き来《き》できる未《み》来《らい》の乗《の》り物《もの》で、全《ぜん》長《ちょう》はなんと約《やく》96000km！宇《う》宙《ちゅう》エレベーターを使《つか》えば、ロケットよりも体《からだ》にかかる負《ふ》担《たん》が軽《かる》く、気《き》軽《がる》に宇《う》宙《ちゅう》に行《い》くことができます。地《ち》上《じょう》には宇《う》宙《ちゅう》行《い》きの宇《う》宙《ちゅう》港《こう》を、宇《う》宙《ちゅう》側《がわ》には火《か》星《せい》や小《しょう》惑《わく》星《せい》に出《しゅっ》発《ぱつ》する連《れん》絡《らく》ゲートをつくります。このゲートからなら、遠《とお》い宇《う》宙《ちゅう》へかんたんにアクセスできるのです。

軽《かる》くてじょうぶな材《ざい》料《りょう》を数《すう》kmも長《なが》く伸《の》ばす技《ぎ》術《じゅつ》など課《か》題《だい》がありますが、月《つき》や火《か》星《せい》にも宇《う》宙《ちゅう》エレベーターが建《けん》設《せつ》できると考《かんが》えられ、宇《う》宙《ちゅう》エレベーター建《けん》設《せつ》者《しゃ》は大《おお》いそがしになるかもしれません。

この人《ひと》に聞《き》きました！

宇《う》宙《ちゅう》エレベーター協《きょう》会《かい》
大《おお》野《の》修《しゅう》一《いち》さん

クライマー（のぼりおりをする機《き》械《かい》）の開《かい》発《はつ》大《たい》会《かい》を開《ひら》き、技《ぎ》術《じゅつ》を高《たか》めています。

宇宙《うちゅう》で家《いえ》を建《た》てる！

宇《う》宙《ちゅう》建《けん》築《ちく》家《か》

月《つき》の家《いえ》、火星《かせい》の家《いえ》、宇宙《うちゅう》ホテル……。どんな建物《たてもの》にくらしたいですか？　それを考《かんが》えるのが宇宙建築《うちゅうけんちく》家《か》です。「宇宙《うちゅう》ホテル」と「月《つき》の家《いえ》」とでは、考《かんが》え方《かた》がまったくちがいます。無重力状態《むじゅうりょくじょうたい》の宇宙《うちゅう》ホテルは**天井《てんじょう》も床《ゆか》もない空間《くうかん》**なので、せまいスペースも広《ひろ》く使《つか》えます。ぷかぷかういてしまうのでベッドは使《つか》えず、かべに寝袋《ねぶくろ》を引《ひ》っかけて眠《ねむ》ります。無重力《むじゅうりょく》ではういているのが一番楽《いちばんらく》な姿勢《しせい》で、座《すわ》るのがむずかしいので、ごはんのときもイスには座《すわ》りません。でもテーブルまわりに**足《あし》をひっかけるフック**をつくり、いろいろな方向《ほうこう》からテーブルを囲《かこ》めば、みんなで食《しょく》事《じ》を楽《たの》しめます。

月《つき》の家《いえ》は重力《じゅうりょく》があるのでベッドもイスもあります。

この人《ひと》に聞《き》きました！

鹿島建設《かじまけんせつ》
大野琢也《おおのたくや》さん

なんでも基本《きほん》の組《く》み合《あ》わせ。楽《たの》しく考《かんが》えてみるのがアイデアを出《だ》すコツです。

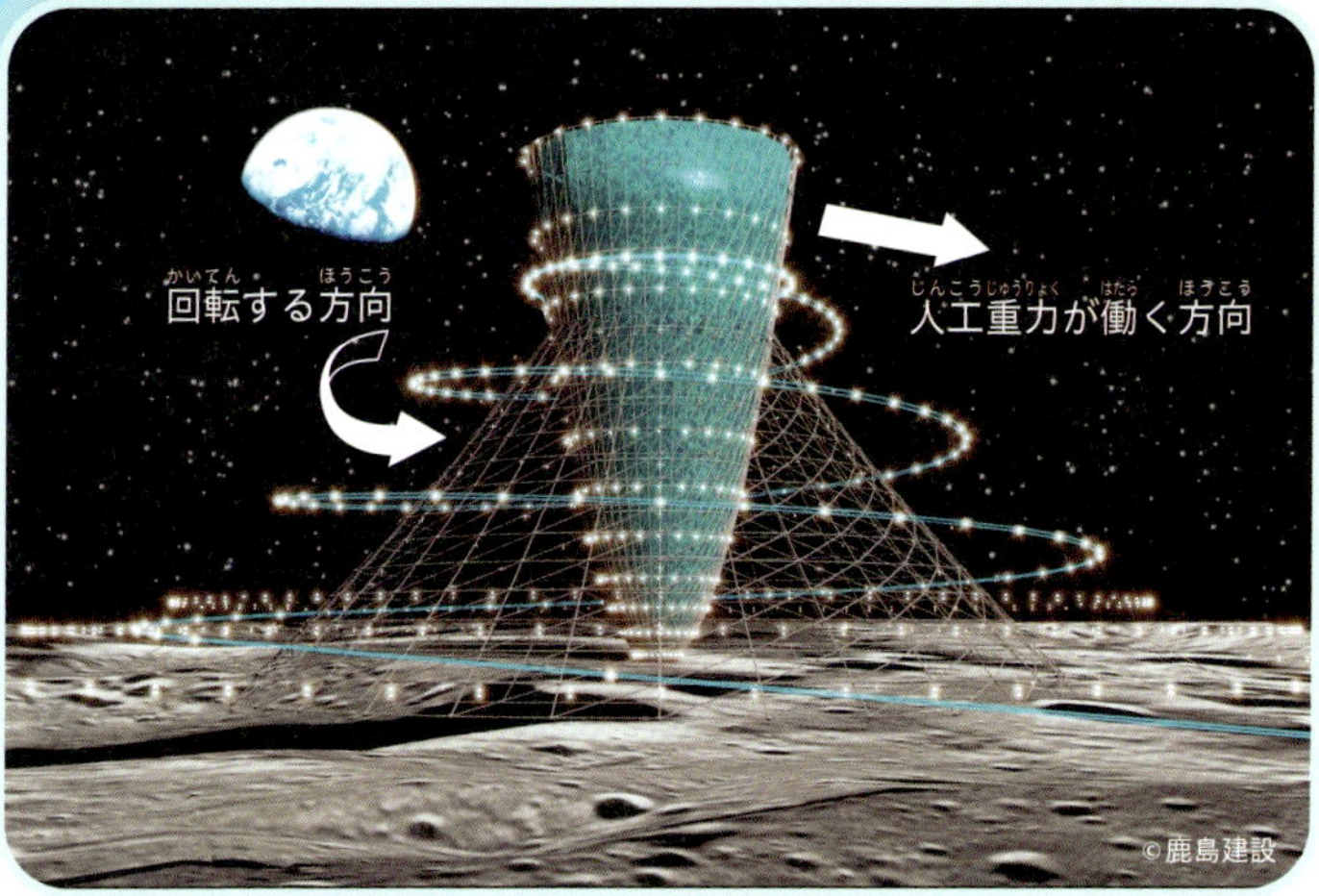

「ルナグラス」の完成予想図《かんせいよそうず》。水《みず》の入《はい》ったバケツをふりまわしてもこぼれないように、矢印《やじるし》の方向《ほうこう》にまわる力《ちから》でかべ側《がわ》に引《ひ》っぱられる力《ちから》をつくり、かべを地面《じめん》がわりにする。

ただし、**重力《じゅうりょく》が地球《ちきゅう》の6分《ぶん》の1**と小《ちい》さいため、ジャンプすれば天井《てんじょう》にゴツン。そこで天井《てんじょう》は高《たか》めに、階《かい》段《だん》の1段《だん》も地上《ちじょう》の家《いえ》より高《たか》くなります。放射線《ほうしゃせん》を防《ふせ》ぐため地下《ちか》にくらす可能性《かのうせい》も高《たか》く、照明《しょうめい》が大事《だいじ》。

将来《しょうらい》は人工重力《じんこうじゅうりょく》しせつが必要《ひつよう》だとも考《かんが》えられています。月《つき》の重力《じゅうりょく》になれると**骨《ほね》や筋肉《きんにく》が弱《よわ》くなり、地《ち》球《きゅう》をおとずれたときに立《た》てなくなってしまう**し、**低《ひく》い重力《じゅうりょく》で赤《あか》ちゃんを妊娠《にんしん》、出産《しゅっさん》して健康《けんこう》に育《そだ》つのかもわかっていない**からです。

月《つき》の人工重力施設《じんこうじゅうりょくしせつ》「**ルナグラス**」は1分間《ぶんかん》に3回《かい》転《てん》することで人工重力《じんこうじゅうりょく》を発生《はっせい》させる計画《けいかく》です。さまざまな重力《じゅうりょく》の部屋《へや》をつくることができ、くらすのは1G《ジー》（地球《ちきゅう》と同《おな》じ）の部屋《へや》、遊《あそ》ぶのは月《つき》の重力《じゅうりょく》の部《へ》屋《や》や公園《こうえん》と使《つか》い分《わ》けます。建設《けんせつ》に長《なが》い時間《じかん》がかかり、放射線《ほうしゃせん》をなにで防《ふせ》ぐかなど課題《かだい》もいっぱい。でも実《じっ》現《げん》すれば、宇宙《うちゅう》での健康《けんこう》なくらしや、新《あたら》しい体験《たいけん》が待《ま》っています。

この人《ひと》に聞《き》きました！ 鹿島建設《かじまけんせつ》 大野琢也《おおのたくや》さん

宇宙《うちゅう》でのくらしを考《かんが》えることは、地球《ちきゅう》のくらしを見直《みなお》すことなのです。

月《つき》でのくらしをささえる

月面《げつめん》発電《はつ》所《でんしょ》

月《つき》を明《あか》るく照《て》らしちゃおう

月《つき》の赤道《せきどう》をぐるりと太陽光《たいようこう》パネルでおおう「ルナリング」構想《こうそう》のイメージ。月《つき》でつくった電気《でんき》をレーザーで地球《ちきゅう》に送《おく》るよ。

月面《げつめん》の活動《かつどう》に欠《か》かせないエネルギー。月面発電所《げつめんはつでんしょ》はいろいろな種類《しゅるい》が考《かんが》えられています。まずは**太陽《たいよう》光発電《こうはつでん》**。月《つき》は昼《ひる》と夜《よる》が約《やく》2週間《しゅうかん》ずつ続《つづ》くので、昼《ひる》のあいだに発電《はつでん》し、夜《よる》にそなえて電気《でんき》をためておく必《ひつ》要《よう》があります。月《つき》の北極《ほっきょく》や南極《なんきょく》には太陽光《たいようこう》が長《なが》い期《き》間《かん》当《あ》たる地域《ちいき》があるので、発電所《はつでんしょ》の候補地《こうほち》になるでしょう。いっぽう、**燃料電池《ねんりょうでんち》を使《つか》った発電《はつでん》**は月《つき》の夜《よる》も活躍《かつやく》します。原料《げんりょう》は水《みず》。月《つき》でとれた水《みず》を分解《ぶんかい》し、できた水素《すいそ》と酸素《さんそ》を反応《はんのう》させて電気《でんき》をつくります。さらに将来《しょうらい》は月面《げつめん》にあるヘリウム3《スリー》という材料《ざいりょう》を使《つか》って、**核融合発電《かくゆうごうはつでん》**が実現《じつげん》できるかもしれません。電気《でんき》がないと、月面基地《げつめんきち》のあらゆる機能《きのう》が止《と》まってしまいます。さまざまな方法《ほうほう》で発電《はつでん》しておけば安心《あんしん》です。

この人《ひと》に聞《き》きました!

清水建設《しみずけんせつ》 金山秀樹《かなやまひでき》さん

月《つき》でも電気《でんき》は貴重《きちょう》なエネルギー源《げん》。みんなで大切《たいせつ》に使《つか》おう。

月《つき》のうら側《がわ》と地球《ちきゅう》をつなぐ

月《げつ》面《めん》通《つう》信《しん》

月面基地《げつめんきち》をつくるとき、大活躍《だいかつやく》するのがロボットや無人《むじん》の月面車《げつめんしゃ》。地上《ちじょう》からロボットや月面車《げつめんしゃ》を遠隔《えんかく》操作《そうさ》するのに欠《か》かせないのが、通信屋《つうしんや》さんです。

月面《げつめん》のロボットを操作《そうさ》するときや走《はし》っている月面《げつめん》車《しゃ》があぶない場所《ばしょ》をよけるときなどに、とつぜん地《ち》球《きゅう》と月面《げつめん》をむすぶ映像《えいぞう》が止《と》まったら、事故《じこ》が起《お》こるかもしれません。命《いのち》づなとなる通信《つうしん》は、つねに安定《あんてい》してつながることが求《もと》められます。とくに地球《ちきゅう》からは見《み》えない月《つき》のうら側《がわ》の月面天文台《げつめんてんもんだい》の建設《けんせつ》などには、月《つき》のまわりの通信衛星《つうしんえいせい》で中継《ちゅうけい》することが必要《ひつよう》です。地球《ちきゅう》と月《つき》のあいだは約《やく》38万《まん》㎞はなれていて、指示《しじ》が届《とど》くまで1〜2秒遅《びょうおく》れます。遅《おく》れをどうカバーするかも通信屋《つうしんや》さんのうでの見《み》せどころです。

月《つき》の大《だい》地《ち》をドライブ！

月《げつ》面《めん》車《しゃ》ドライバー

あるときは月面基地《げつめんきち》から資源《しげん》を掘《ほ》る工場《こうじょう》へ。またあるときは月《つき》のうら側《がわ》へ。月面《げつめん》の砂《すな》レゴリスをまき上《あ》げながら月《つき》の大地《だいち》をドライブ。重力《じゅうりょく》が6分《ぶん》の1しかないから、ちょっとした岩《いわ》でも高《たか》くジャンプします。でも転倒《てんとう》しないように安全《あんぜん》に。それが月面車《げつめんしゃ》ドライバーのしごとです。

月面車《げつめんしゃ》にはいろいろな種類《しゅるい》があります。1960年代《ねんだい》のアポロ計画《けいかく》で使《つか》われたように、宇宙飛行士《うちゅうひこうし》が宇宙服《うちゅうふく》を着《き》て乗《の》るタイプの月面車《げつめんしゃ》は変《か》わらず活躍《かつやく》するでしょう。いっぽう、2032年以降《ねんいこう》の打《う》ち上《あ》げを目指《めざ》して日本《にっぽん》が開発《かいはつ》している「**有人与圧《ゆうじんよあつ》ローバー**（愛称《あいしょう》：ルナクルーザー）」は、世界《せかい》ではじめて宇宙《うちゅう》服《ふく》を着《き》ずにくらしながら移動《いどう》できる、キャンピング

月面車《げつめんしゃ》「有人与圧《ゆうじんよあつ》ローバー」の完成予想図《かんせいよそうず》。

カーのような車《くるま》です。大《おお》きさはマイクロバス2台分《だいぶん》。そのなかに4畳半《じょうはん》ほどの部屋《へや》があって、ふたりのドライバーが寝《ね》たり食事《しょくじ》をしたりなど、約《やく》1か月間《げつかん》、宇宙服《うちゅうふく》なしですごせます。楽《たの》しそうな月面《げつめん》ドライブですが、月面《げつめん》を運転《うんてん》するのはかんたんではありません。月面《げつめん》には地上《ちじょう》のように舗装《ほそう》された道路《どうろ》はありません。それどころかでこぼこした地面《じめん》にところどころクレーターもあって、起伏《きふく》に富《と》んでいます。目的《もくてき》地《ち》まで案内《あんない》してくれるカーナビはまだ整備《せいび》されておらず、建物《たてもの》などの目印《めじるし》もほぼありません。月面《げつめん》はレゴリスという細《こま》かくするどい砂《すな》でおおわれているため、すべったり部品《ぶひん》がいたんだりします。タイヤが砂《すな》にうまってぬけ出《だ》せなくなったら命《いのち》にかかわるので、運転《うんてん》には細心《さいしん》の注意《ちゅうい》が必要《ひつよう》です。

それでも月《つき》の地平線《ちへいせん》から上《のぼ》る「地球《ちきゅう》の出《で》」をながめながらのドライブは格別《かくべつ》。車《くるま》がちょっと故障《こしょう》しても修理《しゅうり》できるような技術《ぎじゅつ》をもっていると安心《あんしん》ですね。

生命《せいめい》のひみつをときあかす！

火《か》星《せい》生《せい》物《ぶつ》学《がく》者《しゃ》

火星《かせい》にはいまも生物《せいぶつ》が生《い》きているかもしれません。**地球以外《ちきゅういがい》に生物《せいぶつ》がいるなら、最初《さいしょ》に見《み》つかるのは火《か》星《せい》の可能性《かのうせい》が高《たか》い**といわれています。火星《かせい》で生物《せいぶつ》を探《さが》すのが火星生物学者《かせいせいぶつがくしゃ》です。

火星《かせい》で生物《せいぶつ》を見《み》つけるには、まずは生命《せいめい》がいそうな場所《ばしょ》を探《さが》します。地球《ちきゅう》の生物《せいぶつ》をもとに考《かんが》えると、まず「**液体《えきたい》の水《みず》**」があることが条件《じょうけん》です。火星《かせい》は、約《やく》40億年前《おくねんまえ》は地球《ちきゅう》と同《おな》じような「水《みず》の惑星《わくせい》」で、地《ち》表《ひょう》に液体《えきたい》の水《みず》がある状態《じょうたい》が続《つづ》いていたと考《かんが》えられています。現在《げんざい》は火星表面《かせいひょうめん》には液体《えきたい》の水《みず》がありませんが、**地下深《ちかふか》くには地下水《ちかすい》の層《そう》がある**と推定《すいてい》されています。地下水《ちかすい》が地表《ちひょう》にしみ出《だ》しているかもしれない場所《ばしょ》も見《み》つかっています。火星生物学者《かせいせいぶつがくしゃ》は水《みず》がある

この人《ひと》に聞《き》きました！

東京科学大学《とうきょうかがくだいがく》
関根康人《せきねやすひと》さん

火星《かせい》のクレーターや谷《たに》の底《そこ》では、
地下水《ちかすい》がしみ出《だ》しているかもしれません。

かつて湖《みずうみ》だったと考《かんが》えられている火星《かせい》のクレーターの景色《けしき》。

40億年前《おくねんまえ》の火星《かせい》のすがたの想像図《そうぞうず》

場所《ばしょ》で生物《せいぶつ》を探《さが》します。でも火星《かせい》に生物《せいぶつ》がいたとしても、人間《にんげん》のような生物《せいぶつ》ではなく、バクテリアのような単純《たんじゅん》な生物《せいぶつ》でしょう。

手《て》がかりになるのは生物《せいぶつ》のもととなる物質《ぶっしつ》「**有機《ゆうき》物《ぶつ》**」です。有機物《ゆうきぶつ》が見《み》つかったら、育《そだ》ててみます。えさをあたえたり水《みず》をとりかえたり、生《い》き物係《ものがかり》のように世話《せわ》をしながら、その有機物《ゆうきぶつ》が動《うご》くのか、細胞《さいぼう》が分裂《ぶんれつ》して増《ふ》えるか、食《た》べ物《もの》を食《た》べてうんちを出《だ》すのかなど、「生命活動《せいめいかつどう》」があるかどうかを観察《かんさつ》します。

もし生命活動《せいめいかつどう》が見《み》つかったら、歴史《れきし》に残《のこ》る大発見《だいはっけん》です！　生命誕生《せいめいたんじょう》は地球《ちきゅう》だけに起《お》こった奇跡《きせき》ではなく、**宇宙《うちゅう》のあらゆる場所《ばしょ》に生《い》き物《もの》がいるという可能《かのう》性《せい》**をしめすことになるのですから。

火星生物学者《かせいせいぶつがくしゃ》になるには、地学《ちがく》、生物《せいぶつ》、物理《ぶつり》、数《すう》学《がく》などなにか専門知識《せんもんちしき》が必要《ひつよう》です。**生命探査《せいめいたんさ》にはあらゆる学問《がくもん》を総動員《そうどういん》しなければなりません**。ほかの分野《ぶんや》と協力《きょうりょく》して研究《けんきゅう》の輪《わ》を広《ひろ》げることが大事《だいじ》です。

この人《ひと》に聞《き》きました！

東京科学大学《とうきょうかがくだいがく》
関根康人《せきねやすひと》さん

地球《ちきゅう》の生命《せいめい》とちがって、火星《かせい》の生命《せいめい》は硫黄《いおう》をからだの材料《ざいりょう》にしているかもしれません。

宇宙《うちゅう》生命《せいめい》がいる星《ほし》はどこ？

宇宙《うちゅう》生命《せいめい》がいると考《かんが》えられているのは火星《かせい》だけではありません。地球《ちきゅう》から遠《とお》くはなれた木星《もくせい》の衛星《えいせい》エウロパや土星《どせい》の衛星《えいせい》エンケラドゥス、タイタンにも生命《せいめい》が存在《そんざい》する可能性《かのうせい》があると言《い》ったらおどろくでしょうか？ 木星《もくせい》や土星《どせい》は太陽《たいよう》から遠《とお》くはなれているため太陽《たいよう》の光《ひかり》は弱《よわ》く、そのまわりの多《おお》くの衛星《えいせい》の表面《ひょうめん》には氷《こおり》の世界《せかい》が広《ひろ》がっていて、生命《せいめい》はいないと長《なが》く考《かんが》えられていました。ところがその後《ご》の探査《たんさ》で、氷《こおり》の下《した》には液体《えきたい》の海《うみ》が広《ひろ》がっていることがわかってきたのです。さらに、氷《こおり》の海《うみ》の下《した》に熱水《ねっすい》が噴《ふ》き出《だ》す場所《ばしょ》があることが発見《はっけん》されました。深海《しんかい》で海水《かいすい》と岩《がん》石《せき》が反応《はんのう》して熱水《ねっすい》を生《う》み出《だ》す場所《ばしょ》「熱水噴出孔《ねっすいふんしゅつこう》」は地球《ちきゅう》にもあり、40億年前《おくねんまえ》、その熱水噴出孔《ねっすいふんしゅつこう》で生命《せいめい》が生《う》まれたと考《かんが》えられています。同《おな》じように、エンケラドゥスやエウロパの海《うみ》の底《そこ》でも生命《せいめい》が生《う》まれ、活動《かつどう》している可能性《かのうせい》があります。生命《せいめい》が存在《そんざい》するには、生命《せいめい》のからだをつくる材料《ざいりょう》（元素《げんそ》）、エネルギー、反応《はんのう》を進《すす》める水《みず》などの液体《えきたい》が必要《ひつよう》だとされています。

火星《かせい》、エウロパ、エンケラドゥスには水《みず》がありますが、土星《どせい》の衛星《えいせい》タイタンの地表《ちひょう》には液体《えきたい》のメタンがあります。タイタンは太陽系《たいようけい》でただひとつ厚《あつ》い大気《たいき》がある衛星《えいせい》で、メタンの雲《くも》があり、雨《あめ》がふり湖《みずうみ》や海《うみ》がつくられています。

太陽系《たいようけい》の外《そと》にも、液体《えきたい》の水《みず》があると思《おも》われる惑星《わくせい》が見《み》つかっています。ただし、現地《げんち》に行《い》って生命活動《せいめいかつどう》をかくにんできません。生命《せいめい》を発見《はっけん》するには、まず太陽系内《たいようけいない》の天体《てんたい》で探《さが》すのが近道《ちかみち》です。遠《とお》くない未来《みらい》、太陽系《たいようけい》に仲間《なかま》が見《み》つかるかもしれません。

エウロパの海《うみ》のイメージ図《ず》

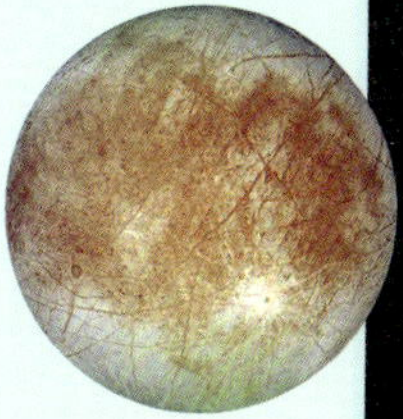

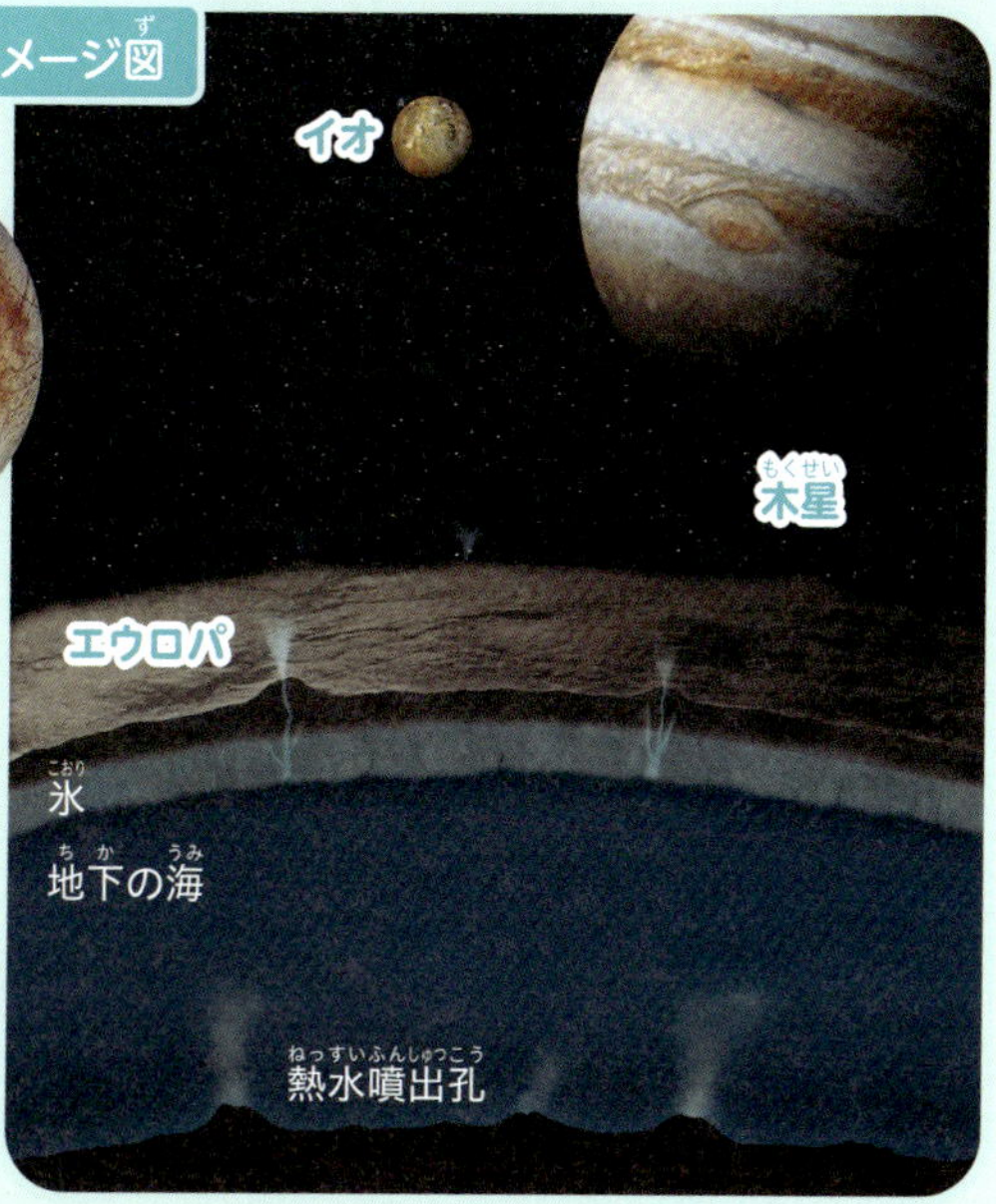

エウロパ
木星《もくせい》の衛星《えいせい》のひとつ。
直径《ちょっけい》▶3130km

エウロパの表面《ひょうめん》をおおう氷《こおり》の下《した》には海《うみ》があり、海底《かいてい》には熱水《ねっすい》噴出孔《ふんしゅつこう》があると考《かんが》えられているよ。

タイタンの景色《けしき》

タイタン
土星《どせい》の衛星《えいせい》のひとつ。
直径《ちょっけい》▶5150km

探査機《たんさき》ホイヘンスがおり立《た》って撮影《さつえい》したタイタンの切《き》り立《た》った山々《やまやま》、液体《えきたい》のメタンやエタンの川《かわ》の流《なが》れ。

どんな
おしごと？

ふれた存在《そんざい》なのか

宇《う》宙《ちゅう》生《せい》物《ぶつ》学《がく》者《しゃ》

関根康人

せきね やすひと

東京《とうきょう》科学《かがく》大学《だいがく》
地球《ちきゅう》生命《せいめい》研究所《けんきゅうじょ》教授《きょうじゅ》

地球《ちきゅう》や生命《せいめい》の存在《そんざい》しそうな天体《てんたい》が、どうやっていまのようなすがたになったのかを研究《けんきゅう》している。

エンケラドゥスに生命《せいめい》がいるかもしれない

地球《ちきゅう》から遠《とお》くはなれた木星《もくせい》の衛星《えいせい》エウロパや土《ど》星《せい》の衛星《えいせい》エンケラドゥス。その表面《ひょうめん》をおおう氷《こおり》の下《した》にはゆたかな海《うみ》が広《ひろ》がり、生命《せいめい》がいると期待《きたい》されています。ぼくは大学《だいがく》の実験室《じっけんしつ》で、そんな天体《てんたい》の環境《かんきょう》を再現《さいげん》する実験《じっけん》を行《おこな》っています。生命《せいめい》を宿《やど》す天体《てんたい》には、どんな条件《じょうけん》が必要《ひつよう》か知《し》りたいのです。

あるとき、ぼくは「NASA《ナサ》の探査機《たんさき》がエンケラドゥスの海《うみ》から噴《ふ》き出《だ》す物質《ぶっしつ》をとったなかに、宇宙空間《うちゅうくうかん》にあまりないシリカが発見《はっけん》された」と聞《き》いてひらめきました。シリカは地球《ちきゅう》の温泉《おんせん》や熱水《ねっすい》などにたくさんある物質《ぶっしつ》です。シリカがあるということは、海《うみ》の下《した》に熱水《ねっすい》があるにちがいない。さっそくエンケラドゥスの海《うみ》を再現《さいげん》し、岩石《がんせき》と熱水《ねっすい》を反応《はんのう》させる実験《じっけん》をしてみました。すると、エンケラドゥスには太古《たいこ》の地球《ちきゅう》に似《に》た海《うみ》が広《ひろ》がり、岩《がん》石《せき》と海水《かいすい》がいまも90℃をこえる高温《こうおん》で熱水反応《ねっすいはんのう》を

ぼくたち生命《せいめい》は宇宙《うちゅう》にあり

していて、その結果《けっか》シリカができることを、世界《せかい》ではじめて実証《じっしょう》したのです。地球《ちきゅう》の海底《かいてい》にも熱水《ねっすい》が噴出《ふんしゅつ》する場所《ばしょ》（熱水噴出孔《ねっすいふんしゅつこう》）があり、生命《せいめい》が誕《たん》生《じょう》した場所《ばしょ》の有力候補《ゆうりょくこうほ》です。ということはエンケラドゥスでいままさしく生命《せいめい》が育《はぐく》まれているかもしれない！

この実験《じっけん》で、生命《せいめい》を育《はぐく》む環境《かんきょう》が現在《げんざい》の太陽系《たいようけい》にも存在《そんざい》することを世界《せかい》ではじめてつきとめました。それはぼくにとってもおどろくべき発見《はっけん》でした。

もしも宇宙生命《うちゅうせいめい》が見《み》つかったら

ぼくは図鑑《ずかん》が好《す》きな子《こ》どもで、とくに星座《せいざ》と生《い》き物《もの》の図鑑《ずかん》がお気《き》に入《い》りでした。高校生《こうこうせい》のとき「地球《ちきゅう》はなぜ生命《せいめい》あふれる星《ほし》になったのか」が書《か》かれている本《ほん》を読《よ》んで、生命《せいめい》を育《はぐく》む条件《じょうけん》を知《し》りたいと、惑星科学《わくせいかがく》の道《みち》に進《すす》みました。

地球惑星科学者《ちきゅうわくせいかがくしゃ》として一番《いちばん》インスピレーションを受《う》けるのは、野外調査《やがいちょうさ》です。宇宙《うちゅう》は地球《ちきゅう》とかけはなれた場所《ばしょ》だと思《おも》うかもしれませんが、太陽系《たいようけい》の天体《てんたい》に似《に》た場所《ばしょ》は地球《ちきゅう》のあちこちにあります。たとえばモンゴルには火星《かせい》に似《に》た場所《ばしょ》があり、ぼくはしばしば野外調査《やがいちょうさ》に行《い》って生物《せいぶつ》を観察《かんさつ》し、「火星《かせい》だったらどうだろう」と頭《あたま》のなかで仮説《かせつ》を組《く》み立《た》てます。私《わたし》たちは宇宙《うちゅう》でありふれた存在《そんざい》か、それとも特別《とくべつ》なのかを追究《ついきゅう》するのは、とてもエキサイティングでやりがいがあります。

ぼくはたとえ宇宙生命《うちゅうせいめい》が見《み》つからなかったとしても、いいかなと思《おも》っています。生命《せいめい》がいないということは、生命《せいめい》を誕生《たんじょう》させる条件《じょうけん》がとてもきびしいものだということがわかるからです。

では地球《ちきゅう》の外《そと》に生命《せいめい》が見《み》つかったら？ 科学者《かがくしゃ》だけでなく、人類《じんるい》みんなの考《かんが》え方《かた》を変《か》える大発見《だいはっけん》になるでしょう。ぼくたちはいま、「自分《じぶん》は日本《にほん》人《じん》」「あの人《ひと》は外国《がいこく》の人《ひと》」というように、国単位《くにたんい》でものごとを考《かんが》えています。でも地球《ちきゅう》の外《そと》に生命《せいめい》がいるとわかれば、国《くに》という枠《わく》をこえて「私《わたし》たちはみな地球人《ちきゅうじん》」という意識《いしき》が生《う》まれるはずですから。

火星《かせい》に森《もり》をつくる

火《か》星《せい》テラフォーマー

地球《ちきゅう》以外《いがい》の太陽系《たいようけい》の天体《てんたい》のなかで、人間《にんげん》がもっともくらしやすいのは、火星《かせい》です。水《みず》は火星《かせい》の地下《ちか》に氷《こおり》や地下水《ちかすい》の形《かたち》で大量《たいりょう》にあると考《かんが》えられているし、うすい空気《くうき》もあります。でも、**火星《かせい》の空気《くうき》のほとんどは二酸化炭素《にさんかたんそ》で、平均気温《へいきんきおん》はマイナス約《やく》60℃。気《き》圧《あつ》は地球《ちきゅう》の100分《ぶん》の1もありません**。いまのままの火星《かせい》の状態《じょうたい》では、宇宙服《うちゅうふく》なしに人間《にんげん》が生《い》きていくことはできないのです。そこで、**火星《かせい》を地球《ちきゅう》のような惑星《わくせい》に改造《かいぞう》する**のがテラフォーマーです。

どうやって火星《かせい》を地球《ちきゅう》のような環境《かんきょう》にするのか、さまざまな方法《ほうほう》が考《かんが》えられてきました。たとえば、**人工的《じんこうてき》に温室効果《おんしつこうか》ガスを火星大気《かせいたいき》に加《くわ》え、地表《ちひょう》をわずかにあたためる**方法《ほうほう》。火星《かせい》の極《きょく》などにある氷《こおり》をと

この人《ひと》に聞きました！

東京科学大学《とうきょうかがくだいがく》
関根康人《せきねやすひと》さん

文化《ぶんか》を生《う》み出《だ》せるほど多《おお》くの人《ひと》がくらせる量《りょう》の水資源《みずしげん》があるのが火星《かせい》です。

未来《みらい》の火星《かせい》の森林《しんりん》ドームのイメージ。

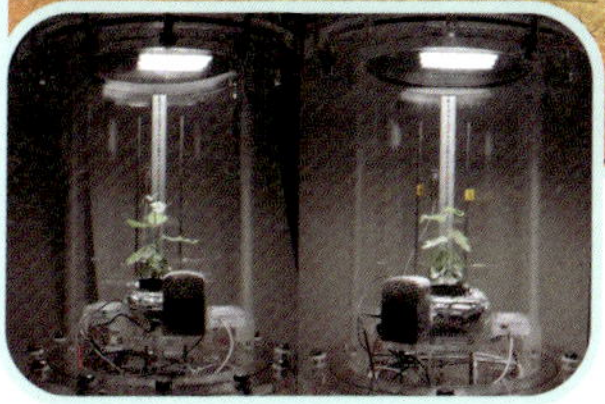
京都大学《きょうとだいがく》では、低《ひく》い気圧《きあつ》の環境《かんきょう》でポプラの苗《なえ》を育《そだ》てる研究《けんきゅう》を行《おこな》っている。
左《ひだり》：0.3気圧《きあつ》　右《みぎ》：大気圧《たいきあつ》

かすことで、大気中《たいきちゅう》に二酸化炭素《にさんかたんそ》と水蒸気《すいじょうき》を増《ふ》やし、それらの温室効果《おんしつこうか》で火星《かせい》をさらにあたためます。次《つぎ》に**寒《さむ》さに強《つよ》い植物《しょくぶつ》を植《う》えて二酸化炭素《にさんかたんそ》から酸素《さんそ》をつくります**。そうなれば、宇宙服《うちゅうふく》を着《き》なくても火星《かせい》でくらすことができます。ただし、火星《かせい》に酸素《さんそ》の大気《たいき》ができるまでには約《やく》10万年《まんねん》かかるそうです。そこまでやるのは大変《たいへん》ですね。まずは**火星《かせい》の一部《いちぶ》を地球《ちきゅう》のようにする**ほうが現実的《げんじつてき》です。

火星《かせい》の低《ひく》い気圧《きあつ》で樹木《じゅもく》を育《そだ》てる研究《けんきゅう》は、すでに大《だい》学《がく》ではじまっています。火星《かせい》の平均気温《へいきんきおん》はマイナス約《やく》60℃ですが、赤道近《せきどうちか》くでは昼《ひる》に約《やく》20℃になります。**初期《しょき》はドームのなかで、将来的《しょうらいてき》にはドームなしで樹《じゅ》木《もく》が育《そだ》つ**可能性《かのうせい》があります。樹木《じゅもく》が育《そだ》てば、人間《にんげん》の呼吸《こきゅう》に役立《やくだ》てられるだけでなく、木造《もくぞう》の家《いえ》や建物《たてもの》をつくることもできます。重力《じゅうりょく》が小《ちい》さいため、火星《かせい》の木《き》は地球《ちきゅう》より高《たか》く育《そだ》つと考《かんが》えられます。いつか火星《かせい》にゆたかな森《もり》が実現《じつげん》するかもしれません。

この人《ひと》に聞《き》きました！

京都大学《きょうとだいがく》
土井隆雄《どいたかお》さん

宇宙《うちゅう》でも、太陽《たいよう》の光《ひかり》を受《う》けて樹木《じゅもく》は成長《せいちょう》します。

これが未来《みらい》の月《つき》・火星《かせい》！

将来《しょうらい》、月《つき》や火星《かせい》で人類《じんるい》はどんなふうにくらすんだろう？

火星《かせい》の世界《せかい》
こっちもさ！
火星《かせい》
テラフォーマー
火星生物学者《かせいせいぶつがくしゃ》
月面天文台《げつめんてんもんだい》
大発見《だいはっけん》だよ！
月面発電所《げつめんはつでんしょ》
月面農場《げつめんのうじょう》
月《つき》の水《みず》プラント
月《つき》の水《みず》採掘所《さいくつじょ》

どんな宇宙《うちゅう》が広《ひろ》がっている？

この本《ほん》を読《よ》んでいるみんなが大人《おとな》になったとき、
人類《じんるい》は宇宙《うちゅう》でどんなことをしているのでしょう？
宇宙《うちゅう》のおしごとをよく知《し》るふたりで考《かんが》えてみました！

林《はやし》公《きみ》代《よ》さん

宇宙《うちゅう》ライター

この本《ほん》を書《か》いた人《ひと》。さまざまな宇《う》宙《ちゅう》のおしごとに取《と》り組《く》む人《ひと》の生《なま》の声《こえ》を30年《ねん》以《い》上《じょう》取材《しゅざい》し、伝《つた》えてきた。

佐《さ》藤《とう》将《まさ》史《し》さん

SPACETIDE《スペースタイド》理《り》事《じ》兼《けん》COO《シーオーオー》

宇宙《うちゅう》のおしごとに取《と》り組《く》む人《ひと》が集《あつ》まる一大《いちだい》イベント「SPACETIDE《スペースタイド》」を開《ひら》き、宇宙《うちゅう》ビジネスをもり上《あ》げている。

この本《ほん》のためにたくさんの方《かた》にお話《はなし》を聞《き》きました。私《わたし》が宇宙《うちゅう》の取材《しゅざい》をはじめたころは想像《そうぞう》できなかったほど、宇宙《うちゅう》のしごとが増《ふ》えていて、いまは本当《ほんとう》におもしろい「宇宙《うちゅう》時代《じだい》」だと感《かん》じました。どの人《ひと》も「宇宙《うちゅう》で社会《しゃかい》を変《か》えるんだ！」とすごい熱意《ねつい》をもってしごとをしています。お話《はなし》に感動《かんどう》して鳥《とり》肌《はだ》が立《た》つような思《おも》いを何度《なんど》もしましたね。

ぼくが大学院《だいがくいん》を出《で》た約《やく》20年前《ねんまえ》は宇宙分野《うちゅうぶんや》で働《はたら》こうと思《おも》ったらJAXA《ジャクサ》やたった数社《すうしゃ》の大企業《だいきぎょう》しかなかったし、宇宙《うちゅう》の科学者《かがくしゃ》として生《い》きていけるのはごく一部《いちぶ》の人《ひと》だけ。でもいまは新《あたら》しい宇宙《うちゅう》ベンチャーが次々《つぎつぎ》生《う》まれています。世界《せかい》で約《やく》1000ある宇宙《うちゅう》ベンチャーのなかでも日本《にっぽん》はユニークな会《かい》社《しゃ》が多《おお》いんですよ。宇宙《うちゅう》ゴミのそうじをしたり、アニメみたいなロボットをつくったり、人工流《じんこうなが》れ星《ぼし》を宇宙《うちゅう》から流《なが》そうと挑戦《ちょうせん》したり。社長《しゃちょう》も個性《こせい》ゆたかな人《ひと》ばかり（笑《わらい》）。

みんなが大人《おとな》になったとき、

佐藤《さとう》さんがなさっている宇宙《うちゅう》イベント「SPACETIDE《スペースタイド》」は世界中《せかいじゅう》から勢《いきお》いのある宇宙関係者《うちゅうかんけいしゃ》が集《あつ》まっていますが、年々参加者《ねんねんさんかしゃ》が増《ふ》えて、すごい熱気《ねっき》ですよね。

「SPACETIDE《スペースタイド》」では宇宙《うちゅう》にかかわる人《ひと》が集《あつ》まり意見交換《いけんこうかん》することで、新《あたら》しいビジネスが生《う》まれます。ぼくたちは縁《えん》の下《した》の力《ちから》もちですが、宇宙開発《うちゅうかいはつ》で一番《いちばん》おもしろい時代《じだい》をいっしょに走《はし》る手《て》ごたえを感《かん》じます。目的《もくてき》はだれもが宇宙《うちゅう》のしごとができる未来《みらい》をつくること。イベントだけでなく会《かい》社《しゃ》をつくる訓練《くんれん》などいろいろやってます。

この本《ほん》を読《よ》んでいるみなさんが大人《おとな》になるころ、宇宙《うちゅう》はどうなっているでしょう?

地球《ちきゅう》ではロケットに乗《の》って宇宙《うちゅう》を通《とお》って、地球上《ちきゅうじょう》のどこでも約《やく》1時間《じかん》で行《い》けるようになって、世界《せかい》が近《ちか》くなるでしょう。月《つき》に人《ひと》がくらしはじめ、月《つき》から火星《かせい》へむかう時代《じだい》がはじまっていると思《おも》います。宇宙《うちゅう》は当《あ》たり前《まえ》になって、どんな職業《しょくぎょう》についても、宇《う》宙《ちゅう》とかかわるしごとができるはずです。

宇宙《うちゅう》や月《つき》に住《す》むようになれば、地球上《ちきゅうじょう》のあらゆるしごとが宇宙《うちゅう》でも必要《ひつよう》になりますよね。この本《ほん》で宇宙食《うちゅうしょく》シェフや弁護士《べんごし》などを紹介《しょうかい》しましたが、もっといろいろなしごとができるでしょうし、自分《じぶん》の得意《とくい》なことや好《す》きなことを組《く》み合《あ》わせて新《あたら》しい宇宙《うちゅう》のしごとをつくってほしい。宇宙《うちゅう》でしごとをするみなさんをいつか取材《しゅざい》したいです!

これからは宇宙《うちゅう》を切《き》りひらいていく新《あたら》しいヒーローたちがどんどん生《う》まれていきます。そのすがたに注目《ちゅうもく》して、自分《じぶん》だったらどんな挑戦《ちょうせん》をしたいか考《かんが》えてほしいです。私《わたし》たちの活動《かつどう》は遠《とお》い宇宙《うちゅう》へ広《ひろ》がります。宇宙《うちゅう》に挑戦《ちょうせん》するには国《くに》をこえて人類《じんるい》が協力《きょうりょく》することが大事《だいじ》です。歴史上《れきしじょう》まだ実現《じつげん》していない未来《みらい》をつくるのはみなさんです! 応援《おうえん》しています。

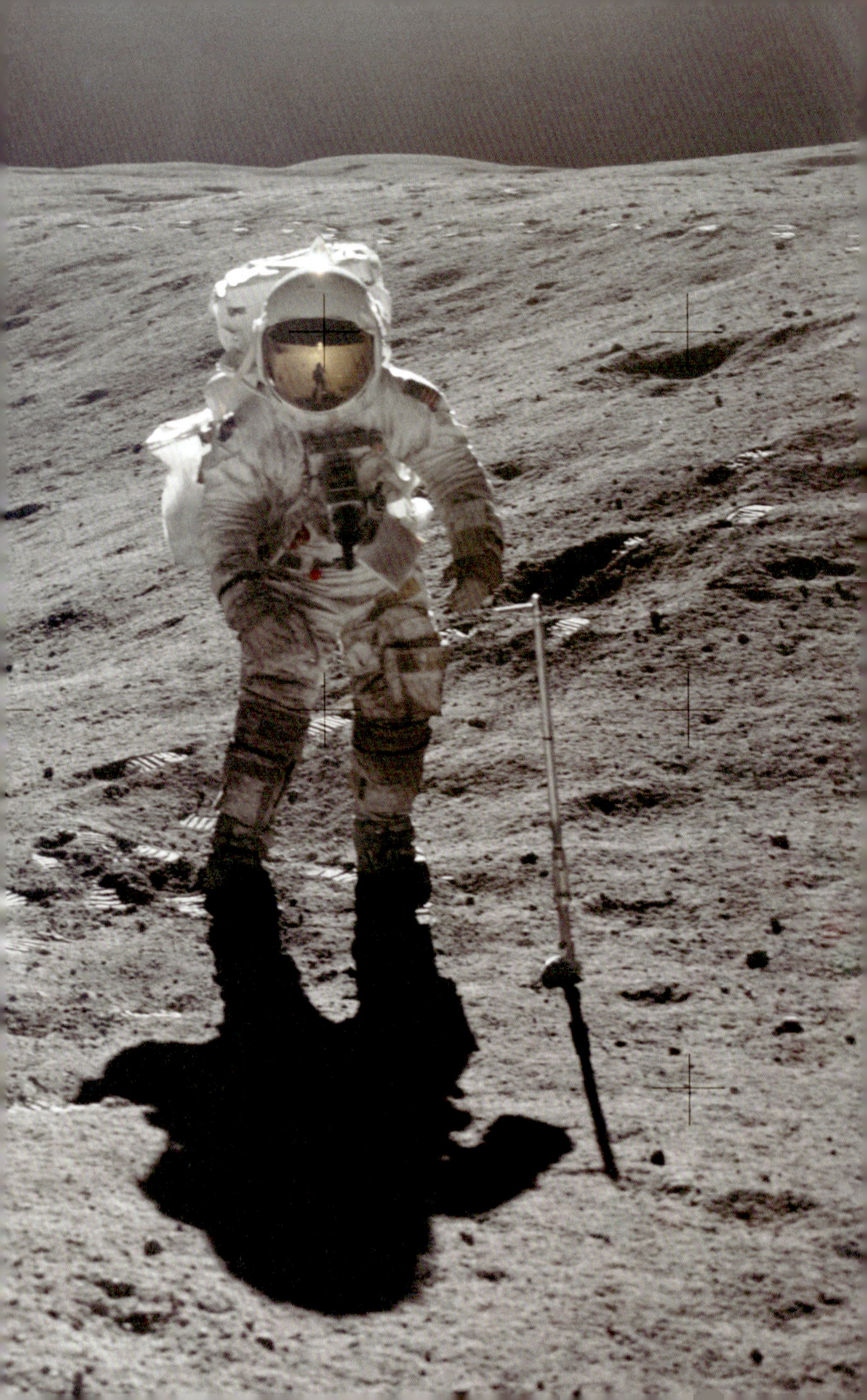

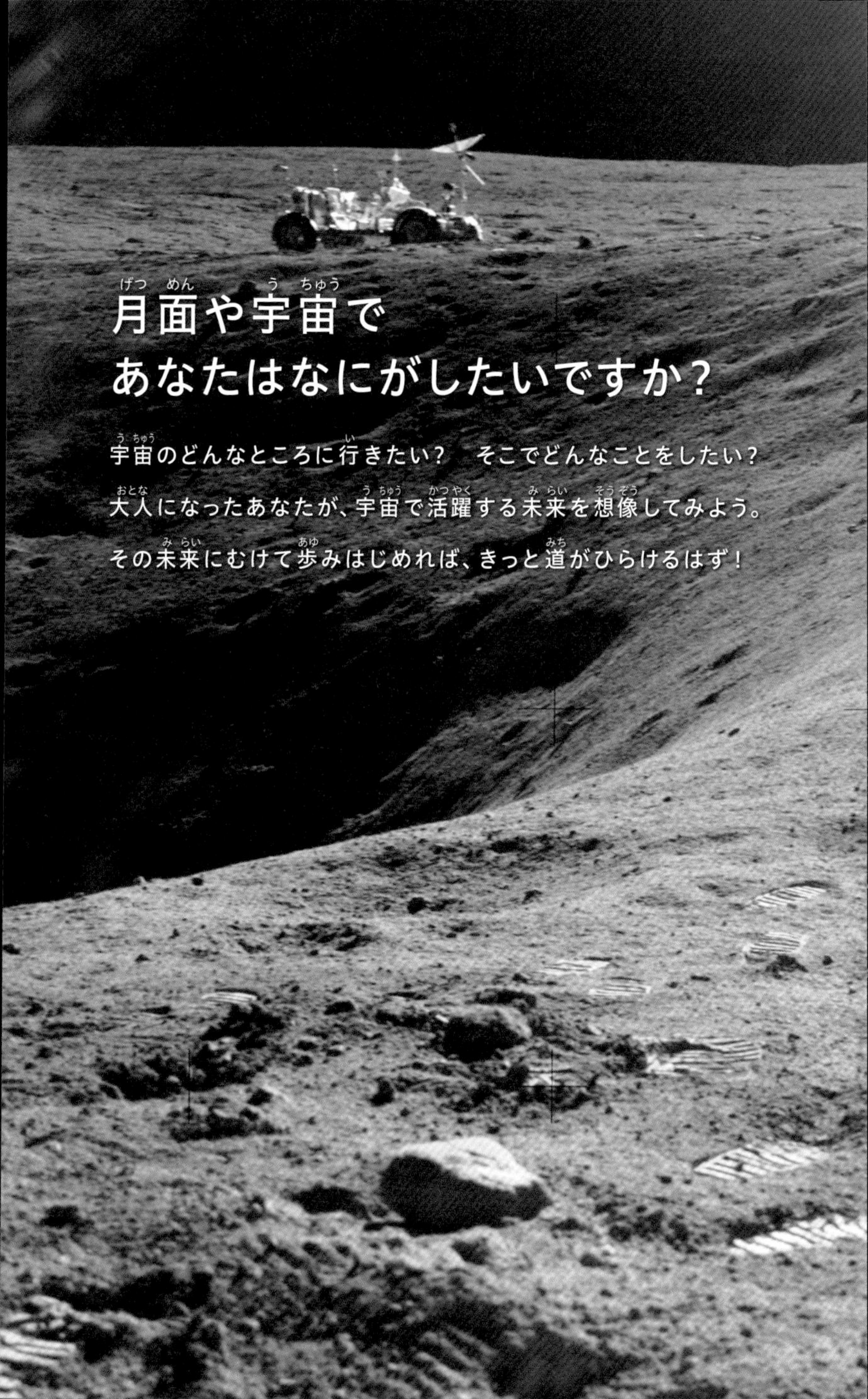

月面《げつめん》や宇宙《うちゅう》で
あなたはなにがしたいですか？

宇宙《うちゅう》のどんなところに行《い》きたい？　そこでどんなことをしたい？

大人《おとな》になったあなたが、宇宙《うちゅう》で活躍《かつやく》する未来《みらい》を想像《そうぞう》してみよう。

その未来《みらい》にむけて歩《あゆ》みはじめれば、きっと道《みち》がひらけるはず！

この本の制作にあたり、
多くの宇宙・天文・宇宙ビジネス関係の皆さまにご協力を頂きました。
ご多忙の中、「子どもたちのためなら」と快く取材に応じて頂いた皆さま、
原稿確認やコメントをご寄稿くださった方々に心からお礼を申し上げます。
各社・各団体広報ご担当者さま、そしてJAXA広報部・矢部あずさきまの多大なる
ご協力なくして本書はできませんでした。企画段階から相談にのっていただいた
岩本裕之さま（JAXA）、上村俊作さま（JAXA）にもお礼を申し上げます。
素敵なイラストを描いて下さったイラストレーターさん、編集担当の上田悠人さんにも
感謝です。本当にありがとうございました。

林公代

協　力

一般社団法人 宇宙エレベーター協会／一般社団法人そらビ／
一般社団法人チームゆら／一般社団法人SPACE FOODSPHERE／
一般社団法人SPACETIDE／インターステラテクノロジズ株式会社／宇推くりあ／
宇宙航空研究開発機構／鹿島建設株式会社／株式会社アークエッジ・スペース／
株式会社アストロスケール／株式会社タカラトミー／株式会社日本旅行／
株式会社プラス・ブレスト／株式会社ユーグレナ／黒田有彩／
公益財団法人日本宇宙少年団（YAC）／合同会社いばらき宇宙天気研究所／
合同会社ムーン・アンド・プラネッツ／国立大学法人京都大学／
国立大学法人東京科学大学／コスモプラネタリウム渋谷／サグリ株式会社／
清水建設株式会社／専修学校 辻調理師専門学校 東京／
大学共同利用機関法人 自然科学研究機構 国立天文台／日揮グローバル株式会社／
山崎直子／有人宇宙システム株式会社／ispace, inc.／KAGAYAスタジオ／
Space BD株式会社／SPACE COTAN株式会社／TMI総合法律事務所

おもな参考文献

・山崎直子『夢をつなぐ 宇宙飛行士・山崎直子の四〇八八日』KADOKAWA
・「Space Life Conception Ver.1.0 ブック」
https://aerospacebiz.jaxa.jp/j-sparc/think-space-life/SpaceLifeConceptionBook_v1.pdf
・斉田季実治『空を見上げてわかること 身近だけど知らない気象予報士 』PHP研究所
・金子隆一『スペース・ツアー』講談社

イラスト

てていー：カバーイラスト、P14 宇宙飛行士、P78 宇宙旅行プランナー、P122 宇宙建築家、P126 月面車ドライバー、P128 火星生物学者、P134 火星テラフォーマー

1/35少年：P26 フライトディレクタ、P28 フライトサージャン、P29 訓練インストラクタ、P30 宇宙服デザイナー、P34 ロケットエンジニア、P40 人工衛星エンジニア、P48 宇宙探査チーム、P90 宇宙ロボットエンジニア、P94スペースデブリハンター、P98 惑星防衛隊

小崎彩子：P58 観測天文学者、P60 理論天文学者、P62 望遠鏡エンジニア、P70 プラネタリアン、P92 宇宙天気予報士、P114 月面ファーマー、P116 月面料理人、P118 月の水プラント屋さん、P136 これが未来の月・火星！

のいぷらこ：P76 宇宙社長、P80 スペースポート支配人、P82 宇宙食シェフ、P86 宇宙コスメクリエイター、P87 宇宙アメニティクリエイター、P88 これが未来の宇宙ホテル！、P100 スペースロイヤー、P117 月面天文学者

くんくん：P16-17 宇宙飛行士試験のNG行動、P33 宇宙はいろんな使い方ができる！、P42 人工衛星を使うおしごと、P120 宇宙トレジャーハンター、P121 宇宙エレベーター建設者、P124月面発電所、P125 月面通信

古田絵夢：P11 この本に出てくる宇宙用語、P73 星空案内人、P104 宇宙保険会社、P105 宇宙商社、P106 宇宙デリバリー、P107 宇宙葬プランナー、P108 宇宙アイドル・配信者

TICTOC：P71 オリオン座とさそり座、P93 太陽風が地球の磁気圏にはげしくぶつかる様子

加藤愛一：P20-21 アルテミス計画、P131 エウロパの海のイメージ図

小副川智也：P36-37 ロケット大図鑑

カモシタハヤト：P64 ブラックホール

写真・画像

アフロ<P99 恐竜の絶滅> 宇宙エレベーター協会<P121 宇宙エレベーターのつくり方> 鹿島建設<P123 ルナグラス> 京都大学<P135 ポプラの苗を育てる実験、火星の森林の想像図> 国立天文台<P63 くらげ銀河> 国立天文台/HSC Project <P63 HSC> 清水建設<P124 ルナリング> 内閣府宇宙開発戦略推進事務局<P45 みちびき（4号機）> 林公代<P21 米田あゆ宇宙飛行士と諏訪理宇宙飛行士> ユーグレナ<P115 ユーグレナのステーキ> ArkEdge Space<P41 超小型人工衛星の組み立て> Astroscale 2024<P95 切り離されたH-IIAロケットの第2段>Blue Origin<P101 ブルーオリジン社の宇宙旅行機> CMSA<P19 天宮> Egon Filter<P45 スタートレイン> EHT Collaboration<P65 M87銀河中心のブラックホール> ESA/ATG medialab; Jupiter: NASA/ESA/J. Nichols (University of Leicester); Ganymede: NASA/JPL; Io: NASA/JPL/University of Arizona; Callisto and Europa: NASA/JPL/DLR<P51 JUICE> ESA/NASA/JPL/University of Arizona<P131 タイタンの景色> JAXA<P29 訓練インストラクタ、P44 しきさい，しきさいが撮影した画像、P45 だいち4号、P49 リュウグウのサンプル，リュウグウの着地、P51 MMX，はやぶさ2、P54 JAXA筑波宇宙センター、P83 日清スペースカップヌードル、P117 月面天文台の想像図> JAXA/タカラトミー/ソニーグループ（株）/同志社大学<P91 変形型月面ロボット（LEV-2）「SORA-Q」が撮影・送信した月面画像，民間企業の月着陸ミッション及び小型月着陸実証機「SLIM」に搭載される変形型月面ロボット（動作検証モデル）> JAXA，東京大，高知大，立教大，名古屋大，千葉工大，明治大，会津大，産総研<P51 リュウグウ> JAXA/NASA<P18 国際宇宙ステーション（ISS）、P19 キューポラ、P31 クルードラゴンの船内，船外活動服を着る星出彰彦宇宙飛行士、P32「こうのとり」の物資到着、P83 しょうゆラーメンを食べる油井亀美也宇宙飛行士、P87 シャンプーシートを使う若田光一宇宙飛行士>KAGAYA<P12 銀河のともし火、P110 KAGAYA、P112 中秋の名月> NASA<P15 バズ・オルドリンの足あと、P14,15,22 山崎直子宇宙飛行士、P24 水をうかべる山崎直子宇宙飛行士、P25 山崎直子宇宙飛行士とクルー、P27 生還をはたしたアポロ13号のクルーたち、P31 宇宙服の冷却下着、P45 スプートニク1号、P59 ハッブル宇宙望遠鏡、P74 ISS（国際宇宙ステーション）ドッキング中の宇宙船の窓から見たオーロラ、P104 アンタレスの爆発事故、P119 月の南極と北極、P140 アポロ16号最初の船外活動>NASA/Charlie Duke<P15 アポロ16号の宇宙飛行士> NASA / Durham University / Jacob Kegerreis<P61 月が生まれる様子のシミュレーション> NASA、ESA、CSA、STScI; Joseph DePasquale (STScI)、Anton M. Koekemoer (STScI)、Alyssa Pagan (STScI) <P56,59 創造の柱（ジェイムズ・ウェッブ宇宙望遠鏡）> NASA, ESA/Hubble and the Hubble Heritage Team,CC BY-SA 3.0 IGO<P59 創造の柱（ハッブル宇宙望遠鏡）> NASA/Goddard/SDO<P93 太陽フレア> NASA GSFC/CIL/Adriana Manrique Gutierrez<P59 ジェイムズ・ウェッブ宇宙望遠鏡> NASA/JPL-Caltech<P50 パーサヴィアランス> NASA/JPL-Caltech/ASU/MSSS<P129 ジェゼロクレーター> NASA/JPL<P51 ボイジャー1号> NASA/JPL/DLR<P131 エウロパ> NASA/JPL/Space Science Institute<P131 タイタン> NASA's Goddard Space Flight Center<P129 かつての火星の海> nikolas_jkd - stock.adobe.com<P99 バリンジャー・クレーター> SPACE COTAN<P81 HOSPOのイメージ図> SPACE FOODSPHERE, collaborator<P115 ユーグレナを栽培する様子のイメージ> SpaceX<P37 ファルコン・ヘビー、P77 イーロン・マスクさん> The EHT collaboration, (2019) Astrophysical Journal Letters<P65 M87ブラックホールのシミュレーション> TOYOTA<P127 有人与圧ローバー> Virgin Galactic<P79 Unity, Unityに乗る民間旅行者>

著者紹介《ちょしゃしょうかい》　林《はやし》 公《きみ》 代《よ》

神戸大学文学部英米文学科卒業。日本宇宙少年団の情報誌編集長を経てフリーライターに。宇宙・天文分野を中心に取材・執筆。NASA・ロシア・日本のロケット打ち上げ、ハワイや南米チリの望遠鏡など宇宙関連の取材歴は約30年。『さばの缶づめ、宇宙へいく 鯖街道を宇宙へつなげた高校生たち』（小坂康之氏と共著）、『宇宙に行くことは地球を知ること 「宇宙新時代」を生きる』（野口聡一宇宙飛行士、矢野顕子氏と共著）、『星宙の飛行士』（油井亀美也宇宙飛行士、JAXAと共著）、『るるぶ宇宙』（監修）など著書多数。

未来《みらい》が楽《たの》しみになる
宇宙《うちゅう》のおしごと図鑑《ずかん》

2025年1月29日　初版発行
2025年3月 5 日　再版発行

著　者　林公代《はやしきみよ》
発行者　山下直久
発　行　株式会社KADOKAWA
〒102-8177　東京都千代田区富士見2-13-3
電話0570-002-301（ナビダイヤル）
印刷・製本　TOPPANクロレ株式会社

デザイン　村口敬太　村口千尋〈Linon〉
校　正　株式会社麦秋アートセンター
編　集　上田悠人　小林夏子

Printed in Japan
ISBN 978-4-04-113839-7　C8044